U0378702

图解直观数学译丛

散度、旋度、梯度释义

（图解版）

［美］H. M. 斯彻（H. M. Schey） 著

李维伟　夏爱生　段志坚
刘俊峰　王文照　李改灵　译

机械工业出版社

本书以内容简明扼要、通俗易懂、广受关注和读者好评。第Ⅰ章介绍了一个矢量函数的实例；第Ⅱ章介绍了应用高斯定理求电场强度、在柱状和球面坐标系下计算散度，并且介绍了哈密顿算子；第Ⅲ章介绍了路径的独立问题、旋度、环路定理、斯托克斯定理、安培环路定理；第Ⅳ章介绍了梯度和应用拉普拉斯方程求电场强度。全书内容结合图形与实例来介绍，以便读者更容易理解。

此书适用于理工科学生作为场论等课程的教材，也可作为相关科研工作者的参考书。

图书在版编目（CIP）数据

散度、旋度、梯度释义：图解版/[美] 斯彻（Schey，H. M.）著；李维伟等译. —北京：机械工业出版社，2015.8（2025.4 重印）
（图解直观数学译丛）
书名原文：Div，Grad，Curl，and All That：An Informal Text on Vector Calculus
ISBN 978-7-111-50171-8

Ⅰ. ①散…　Ⅱ. ①斯…　②李…　Ⅲ. ①散度-图解②旋度-图解③梯度-图解　Ⅳ. ①0158-64②0186. 1-64

中国版本图书馆 CIP 数据核字（2015）第 094051 号

机械工业出版社（北京市百万庄大街 22 号　邮政编码 100037）
策划编辑：汤　嘉　责任编辑：汤　嘉　孟令磊　张金奎
版式设计：霍永明　责任校对：肖　琳
封面设计：路恩中　责任印制：单爱军
北京虎彩文化传播有限公司印刷
2025 年 4 月第 1 版第 14 次印刷
169mm×239mm · 8.5 印张 · 1 插页 · 148 千字
标准书号：ISBN 978-7-111-50171-8
定价：29.00 元

凡购本书，如有缺页、倒页、脱页，由本社发行部调换

电话服务	网络服务
服务咨询热线：010-88361066	机 工 官 网：www.cmpbook.com
读者购书热线：010-68326294	机 工 官 博：weibo.com/cmp1952
010-88379203	金 书 网：www.golden-book.com
封面无防伪标均为盗版	教育服务网：www.cmpedu.com

译者的话

H. M. 斯彻是罗彻斯特理工学院数学与统计学专业的教授。30年前，他编写的《散度、梯度、旋度释义》第1版一经问世就以其内容简明扼要、通俗易懂广受关注和好评，随后经过不断的修订、完善，时至今日已经是第4版，可谓是经久不衰。此版书改进之处在于将符号标记进行了更新并且增加了一些新的实例。第Ⅰ章介绍了一个矢量函数的实例；第Ⅱ章介绍了应用高斯定理求场强、在柱状和球面坐标系中计算散度以及哈密顿算子；第Ⅲ章介绍了路径独立问题、旋度、环路定理、斯托克斯定理和安培环路定理；第Ⅳ章介绍了梯度和应用拉普拉斯方程求场强。

本书适合数学基础相对薄弱的理工科学生阅读。

本人在翻译过程中得到了许多同事的帮助，在此表示感谢！由于我们水平有限，译文中难免还有不少缺点和错误，热诚欢迎读者批评指正。

注 有两个有意思的地方：一个是球坐标的 θ 和 φ 与一般教材是反的，而作者说这是现在的趋势；另一个是作者提到“旋度”原先写作“rotation”，而现在改成了“curl”，只有在“无旋的”（irrotational）里还留有原先用法的痕迹。但在中文中，貌似全都是这样。

第 4 版 序言

新版与第 3 版的不同之处主要有两个方面。第一，增加了一些新的实例。这是采纳了一些学生的意见，他们认为这些例子有助于理解本书和解答习题。我们的目标是增加足够多的有益的实例，同时并不显著增加书的厚度。（两位评论人建议我一点也不增加书的页数，因此，书中没有提供 Sr. de Cervantes’问题的解答）

本版和此前版本的第二个主要不同是两个球面角 θ, ϕ 角色的转换。之前版本的书中，通常 θ 作为极坐标角，ϕ 作为方位角。现在，按照更通用的规范对二者掉换，使 θ 表示方位角，ϕ 表示极坐标角。

我诚挚感谢多年来一直支持我的读者，他们与我的通信为我改进此书提出了很多宝贵的建议。许多建议都在本书中得以采纳，这也是此书经久不衰的重要原因之一。

目　录

第 I 章　引言、矢量函数和静电学

引言

本书中，我们以静电学为背景介绍了矢量微积分。这样做有两个方面的原因。其一，矢量微积分中的大部分内容是为了电磁学理论的需求而发展起来的，很多理论都被应用于电磁学理论的研究而且完全适用。由此，也说明了什么是矢量微积分，同时说明了它的用途。其二，我们有一个共识：在很多情形下，一些数学的内容在非专业数学的背景下讨论是最好的。我们认为严谨的数学逻辑对每一个初学者都是一个障碍，因此我们对其要求弱化并尽可能多地借助于物理和几何直观来理解它。

现在，如果你想学习矢量微积分但又对静电学不了解或了解很少，用本书的方法，你可以立即学习。因为阅读和理解这本书并不需要太多的物理学知识。所涉及的内容仅仅是静电学最简单的部分，在书中的开始部分用几页的篇幅做了介绍。对任何人来说，学习它都不存在障碍。事实上，全书的讨论都基于寻找由电荷分布找出静电场的一种简便方法。这也是全书的主线，换句话说就是电场是非常重要的量，值得我们花费时间和努力来建立一种一般性的方法来计算它。在这个过程中，希望你会学到矢量微积分的基本原理。

已经说完学习本书你不必了解的知识，下面是你必须知道的预备知识。首先，你当然要熟知初等微积分。除此之外，你还应该知道如何使用多元函数、偏导数、多重（二重、三重）积分[⊖]。最后，你必须了解关于矢量的知识，它是一门对很多作者和教师都非常有用的学科。关于矢量，你所应该了解的内容列举如下：矢量的定义、矢量的加减法、矢量的数乘、数量积和外积、矢量的分解。花一个小时的时间阅读一些简单介绍矢量的书，便足以满足学习本书的需要。

⊖ 在本书的这节中要用到微分方程。这部分并不是很重要，如果数学基础很弱，可以忽略。

矢量函数

在电学的研究中，用到的最重要的量其中之一就是电场，书中的大多内容都是围绕如何使用这个量展开。由于电场是称之为矢量函数的一个实例，因此我们从函数概念的简介开始我们的讨论。

一元函数，一般写成$y=f(x)$，它是将两个数x，y联系起来的一个法则；对于给定的x，这个函数告诉我们如何确定与之相关的y的值。例如：如果$y=f(x)=x^2-2$，那么将x平方之后减去2就可以计算出y。于是，当$x=3$时，

$$y=3^2-2=7。$$

多元函数在相关的数集上具有相同的法则。例如：一个由三个变量生成的函数$w=\boldsymbol{F}(x,y,z)$表示如何根据x，y，z来确定w的值。从几何角度更有利于对这个概念的理解：在空间笛卡儿坐标系下取一点，坐标为(x,y,z)，这个函数$w=\boldsymbol{F}(x,y,z)$告诉我们如何将一个数和对应点建立联系。例如：一个函数$T(x,y,z)$可以表明屋子中任意一点(x,y,z)的温度。

目前所讨论的函数是标量函数。在函数$f(x)$中给x赋值得到的结果是一个标量$y=f(x)$。在函数$\boldsymbol{T}(x,y,z)$中给x，y，z赋值三个数得到的结果是温度，也是标量。矢量函数的一般形式简单明了。在三维空间中的一个矢量函数是一个将每个点(x,y,z)和矢量相对应的法则，例如流体的速度。指定一个函数$v(x,y,z)$，它表明了流体的速度和在这一点(x,y,z)的流动的方向。一般来说，矢量函数$\boldsymbol{F}(x,y,z)$表示在某个空间区域内每个点(x,y,z)的大小和方向。可以利用许多箭头来描绘矢量函数的图像（见图Ⅰ-1），其中每一个箭头都表示一个点(x,y,z)。在任意点处箭头的方向由矢量函数所确定，并且它的长度和函数值的大小成正比。

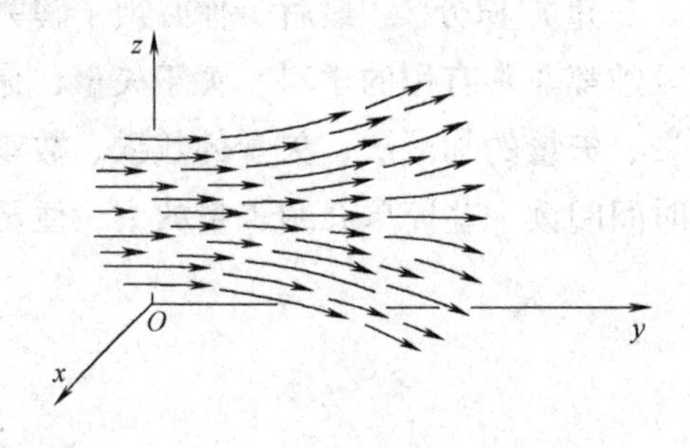

图Ⅰ-1

如图Ⅰ-2所示，和任意矢量一样，矢量函数也能分解为几个分量。设 $\boldsymbol{i}$，$\boldsymbol{j}$，$\boldsymbol{k}$ 分别是沿着 x，y，z 轴的三个相对应的单位向量，可以写成

$$\boldsymbol{F}(x,y,z)=\boldsymbol{i}F_x(x,y,z)+\boldsymbol{j}F_y(x,y,z)+\boldsymbol{k}F_z(x,y,z)。$$

这三个量 F_x，F_y，F_z 分别表示 x，y，z 方向的标量函数，是在某个坐标系下矢量函数 $\boldsymbol{F}(x, y, z)$ 的三个笛卡儿分量[⊖]。

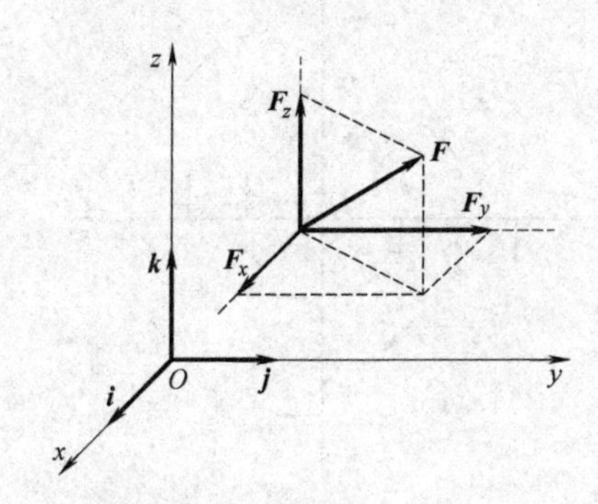

图Ⅰ-2

下面举一个矢量函数的例子（为了简便，以二维空间为例），

$$\boldsymbol{F}(x,y)=\boldsymbol{i}x+\boldsymbol{j}y,$$

如图Ⅰ-3所示。你可以把这个函数看作是位置矢量 $\boldsymbol{r}$。图中每一个箭头的方向都是向径（即从原点出发的一条直线），并且它的长度等于它到原点的距离[⊜]。再举一个例子，

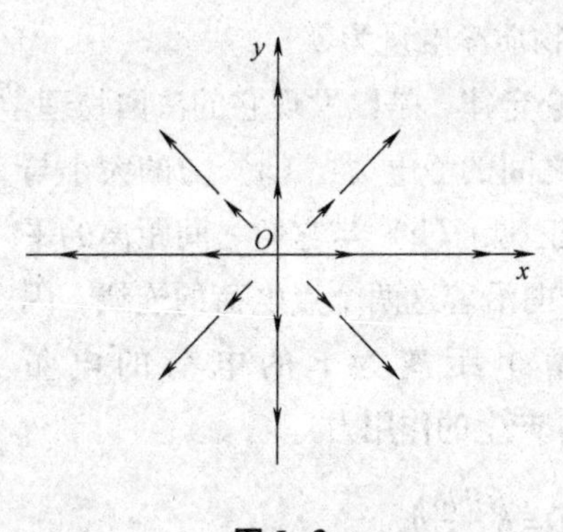

图Ⅰ-3

⊖ 一些作者用下标来表示偏导数；例如，$F_x=\partial F/\partial x$。这时我们不采用这样的标记录；本书中下标表示向量分量的符号。

⊜ 注意我们习惯于从尾部开始画一个箭头而不是从头开始，那么在这点处求向量函数的值。

$$G(x,y)=\frac{-iy+jx}{\sqrt{x^2+y^2}},$$

如图Ⅰ-4所示。读者可以自己证明对于这个矢量函数所有的箭头都在切线的方向上（即每个箭头都与一个以原点为圆心的圆相切），并且它们长度相等。

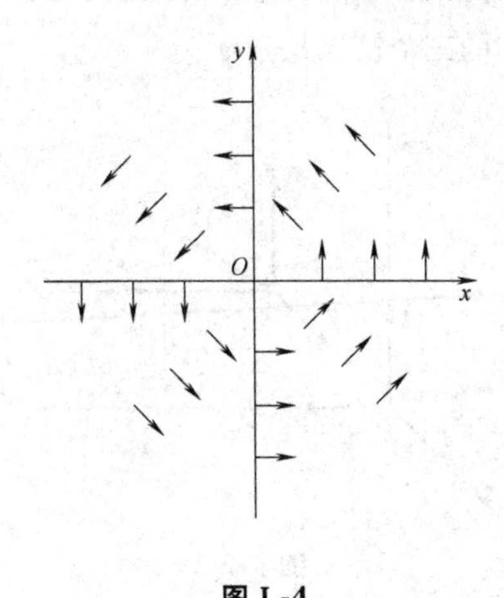

图Ⅰ-4

静电学

本书将基于三个实验事实来讨论静电学。第一个事实是电荷本身的存在性。有两种电荷：正电荷和负电荷，并且每一种物质本身都含有电荷㊀，只是正负电荷经常等量出现以至于物质净电量为零。

第二个事实叫做库仑定律，是以发现它的法国物理学家的名字命名。这个定律表明了两个带电粒子之间的静电力：（a）力的大小与它们所带电量的乘积成正比，（b）与它们之间距离的平方成反比，（c）力的方向沿着这两个点电荷的连线。因此，如果 q_0 和 q 是两个距离为 r 的电荷的电量（见图Ⅰ-5），那么 q 对 q_0 产生的作用力

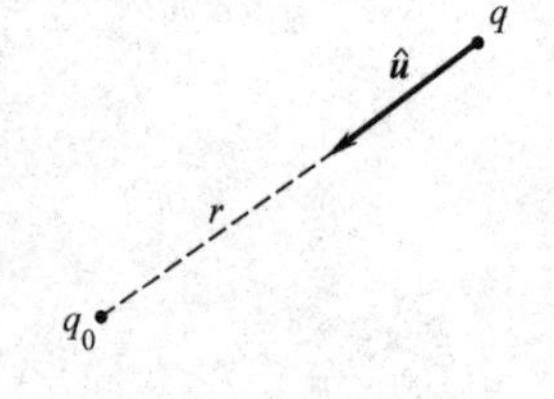

图Ⅰ-5

$$F=K\frac{qq_0}{r^2}\hat{u},$$

其中 $\hat{u}$ 是从 q 指向 q_0 的单位向量（即长度为1的矢量），K 是比例系数。在本书中，使用标准的单位制，长度、大小、时间分别以米、千克、秒作为单位，而电

㊀ 纯化论者指出中子、中性π介子、中微子等不包含电荷。

量的单位是库仑。选取 $K=1/(4\pi\varepsilon_0)$，其中 ε_0 是一个常数，叫作真空介电常数，它的值为 $8.854\times10^{-12}\mathrm{C/m^2}$，故库仑定律可写为

$$\boldsymbol{F}=\frac{1}{4\pi\varepsilon_0}\frac{qq_0}{r^2}\hat{\boldsymbol{u}} \tag{Ⅰ-1}$$

用这个公式可以证明“同性相斥，异性相吸”这一结果。

第三个也是最后一个事实叫作叠加原理。当周围没有其他电荷时，设 $\boldsymbol{F}_1$ 是 q_1 给 q_0 的力，而 $\boldsymbol{F}_2$ 是 q_2 给 q_0 的力，那么由电荷叠加原理可知，当 q_1 和 q_2 都存在时，q_1 和 q_2 给 q_0 的合力就是矢量和 $\boldsymbol{F}_1+\boldsymbol{F}_2$。进一步说明，这并不仅仅是说静电力是矢量相加（所有的力都是矢量相加），而是在两个带电粒子间的力不会因为其他带电粒子的存在而改变。

现在，引进一个与位置相关的矢量函数，它将在本书的讨论中扮演主要的角色。它是电场强度，记作 $\boldsymbol{E}(r)$，定义为 $\boldsymbol{E}(r)=\boldsymbol{F}(r)/q_0$，或 $\boldsymbol{F}(r)=q_0\boldsymbol{E}(r)$。即电场强度是单位电荷受到的力。由式（Ⅰ-1）可以得到

$$\boldsymbol{E}(r)=\frac{\boldsymbol{F}(r)}{q_0}=\frac{1}{4\pi\varepsilon_0}\frac{q}{r^2}\hat{\boldsymbol{u}} \tag{Ⅰ-2}$$

这是电荷 q 在距离它为 r 处产生的电场强度。

由此进一步拓展。假设有 N 个电荷 q_1，q_2，…，q_N，它们到电场观察点的距离分别为 r_1，r_2，…，r_N。那么这些电荷施加给 r 处电荷 q_0 的静电力是

$$\boldsymbol{F}(r)=\frac{1}{4\pi\varepsilon_0}\sum_{l=1}^{N}\frac{q_0q_l}{|\boldsymbol{r}-\boldsymbol{r}_l|^2}\hat{\boldsymbol{u}}_l \tag{Ⅰ-3}$$

这里 $\hat{\boldsymbol{u}}_l$ 是一个从 r_l 指向 r 的单位向量。由式（Ⅰ-3）可得

$$\boldsymbol{E}(r)=\frac{1}{4\pi\varepsilon_0}\sum_{l=1}^{N}\frac{q_l}{|\boldsymbol{r}-\boldsymbol{r}_l|^2}\hat{\boldsymbol{u}}_l \tag{Ⅰ-4}$$

这是由在 r_l 处的电荷 q_l（$l=1$，2，…，N）在 $\boldsymbol{r}=\boldsymbol{i}x+\boldsymbol{j}y+\boldsymbol{k}z$ 处产生的电场强度。式（Ⅰ-4）表明一组电荷产生的场强是每个电荷单独产生的电场强度的矢量和。即叠加原理不仅适用于力学也适用于电场。可以将一个或一组电荷周围的空间区域看作弥漫着静电场，这些电荷施加给距离它们为 r 的电荷 q 的静电合力是 qE（r）。

你可能会困惑于本书介绍的这个新的矢量函数——静电场，它与传统意义的静电力有明显的区别。主要有两方面的原因。首先，在静电学中我们感兴趣的是一组电荷对另一组电荷所产生的影响。通过介绍静电场，这个问题可以被分成两个部分：（a）可以根据已知电荷的分布来计算电场而不必担心这些电荷对它们附近电荷的影响；（b）可以计算一个已知的电场对电场内的电荷的影响而不必

担心产生这个电场的电荷分布。本书中我们将关注第一个问题。

介绍电场的第二个原因是更基本的。已经证实所有经典的电磁学理论都可归纳为四个方程，叫作麦克斯韦方程，它将场（电和磁）彼此联系起来，将电量与产生电量的电流联系起来。因此，电磁学是场的理论并且电场最终扮演了一个重要的角色并显露出它的重要性，而远远超过了它原始初级的定义“单位电荷所受的力”。

为了方便起见，经常认为电荷的分布是均匀的。为此，按下面方法进行计算。假设在体积是 ΔV 的某个空间区域内，全部的电量是 ΔQ，定义电荷密度为

$$\bar{\rho}_{\Delta V} \equiv \frac{\Delta Q}{\Delta V} \tag{Ⅰ-5}$$

利用这个公式，我们可以定义在点（x，y，z）处的电荷密度，表示为 ρ（x，y，z），它就是当 ΔV 减小时，$\bar{\rho}_{\Delta V}$ 在点（x，y，z）处的极限：

$$\rho(x,y,z) \equiv \lim_{\substack{\Delta V \to 0 \\ \text{在点}(x,y,z)}} \frac{\Delta Q}{\Delta V} = \lim_{\substack{\Delta V \to 0 \\ \text{在点}(x,y,z)}} \bar{\rho}_{\Delta V} \tag{Ⅰ-6}$$

在体积为 V 的某个区域中的电荷的电量可由 ρ（x，y，z）在体积 V 上的三重积分表示，即

$$Q = \iiint_V \rho(x,y,z)\,\mathrm{d}V$$

类似地，对于均匀分布的电荷，同样遵循这一规律，式（Ⅰ-4）可写为

$$\boldsymbol{E}(r) = \frac{1}{4\pi\varepsilon_0} \iiint_V \frac{\rho(r')\hat{\boldsymbol{u}}(r')}{|\boldsymbol{r}-\boldsymbol{r}'|^2}\mathrm{d}V' \tag{Ⅰ-7}$$

习题Ⅰ

Ⅰ-1　用适当大小和方向的箭头表示下列矢量函数：

(a) $\boldsymbol{i}y+\boldsymbol{j}x$　　(e) $\boldsymbol{j}x$

(b) $(\boldsymbol{i}+\boldsymbol{j})/\sqrt{2}$　　(f) $(\boldsymbol{i}y+\boldsymbol{j}x)/\sqrt{x^2+y^2}, (x,y)\neq(0,0)$

(c) $\boldsymbol{i}x-\boldsymbol{j}y$　　(g) $\boldsymbol{i}y+\boldsymbol{j}xy$

(d) $\boldsymbol{i}y$　　(h) $\boldsymbol{i}+\boldsymbol{j}y$

Ⅰ-2　用箭头画出一个位于原点的单位正电荷的电场［注：你可以通过在一个坐标平面内画图表示来简化这个问题。这和你选择哪种坐标系有关吗?］

Ⅰ-3 (a) 写一个二维矢量函数的公式，这个矢量的方向是正方向并且大小为1。

(b) 写一个二维矢量函数的公式，这个矢量的方向与 x 轴成45°角且在点 (x, y) 处的大小是 $(x+y)^2$。

(c) 写一个二维矢量函数的公式，这个矢量的方向是切向的（参照第5页的例子）且它在点 (x, y) 处的大小等于它到原点的距离。

(d) 写一个三维矢量函数的公式，这个矢量的方向是正向的且大小为1。

Ⅰ-4 一个物体在平面直角坐标系中以它的位置矢量 $\boldsymbol{r}$ 是关于时间 t 的函数的方式移动：

$\boldsymbol{r}=\boldsymbol{i}a\cos\overline{\omega}t+\boldsymbol{j}b\sin\overline{\omega}t$。其中 a，b，$\overline{\omega}$ 是常数。

(a) 对于任意时间 t，这个物体与原点的距离是多少？

(b) 根据时间函数求物体的速度和加速度。

(c) 证明物体运动的轨迹是椭圆方程：$\left(\frac{x}{a}\right)^2+\left(\frac{y}{b}\right)^2=1$。

Ⅰ-5 已知在点 (1, 0, 0) 处有一个电量为1的正电荷和在点 (−1, 0, 0) 处有一个电量为1的负电荷，求这两个电荷在 y 轴上任一点 $(0, y, 0)$ 处的产生的电场强度。

Ⅰ-6 除了可以用箭头表示矢量函数（如习题Ⅰ-1 和习题Ⅰ-2）外，有时用曲线簇即电场线来表示。如果对曲线上每一个点 (x_0, y_0)，$\boldsymbol{F}(x_0, y_0)$ 是曲线的切线，那么一条曲线 $y=y(x)$ 是矢量函数 $\boldsymbol{F}(x, y)$ 的一条电场线（见下图）。

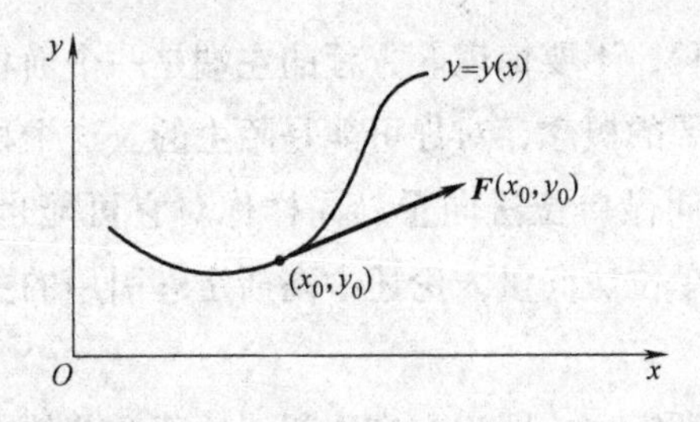

(a) 证明一个矢量函数 $\boldsymbol{F}(x,y)=\boldsymbol{i}F_x(x,y)+\boldsymbol{j}F_y(x,y)$ 的电场线 $y=y(x)$ 是微分方程 $\frac{\mathrm{d}y}{\mathrm{d}x}=\frac{F_y(x, y)}{F_x(x, y)}$ 的解。

(b) 确定习题Ⅰ-1 中的每个函数的电场线。画出电场线并且和Ⅰ-1 中的箭头图表比较。

第Ⅱ章　面积分和散度

高斯定理

由于在静电学中，电场强度是非常重要的一个物理量，所以需要某种对给定的一组电荷求它们的电场强度的简便方法。表面上看在我们提出这个问题之前实际上就已经解决了，毕竟，我们不是在方程（I-4）和方程（I-7）中就提出了求电场强度的方法吗？通常来说答案是否定的。除非在这个系统中有非常少的电荷或者电荷简单或对称地分布，否则在方程（I-4）中的和式和方程（I-7）的积分通常是非常困难的并且不太可能来求出电场强度的。因为这两个方程通常给出的是这个问题的形式解⊖，而不是实际解，所以必须探索其他的方法来计算电场强度 $\boldsymbol{E}$。

在这个探索的过程中，不可避免地会遇到著名的高斯定理。之所以说它是“不可避免地”是因为在包含电场的初等电磁学中很难想到其他的表达式了［当然不包括我们已经放弃的方程（Ⅰ-4）和方程（Ⅰ-7）］。高斯定理是

$$\iint_S \boldsymbol{E} \cdot \hat{\boldsymbol{n}} \mathrm{d}S = \frac{q}{\varepsilon_0} \qquad (\text{Ⅱ-1})$$

如果你不理解这个方程，不要惊慌。方程的左端是一个面积分的形式，它是矢量微积分学中的一个重要的概念，对你可能是陌生的。这个积分的被积函数是电场强度与 $\hat{\boldsymbol{n}}$ 的数量积，叫做单位法向量，同样你对它可能也不熟悉。我们将面面俱到地讨论面积分和单位法向量，论述中高斯定理引用的主要原因之一也是为了促进讨论。

这里我们推导高斯定理，因为它在你阅读后面章节的内容时才有很重要的作用。然而对于其中的细枝末节，你可以参考任何一本电磁学方面的书。耐心一些，当学习了散度定理（34－39页）之后，你就能很容易推导高斯定理了。（见习题Ⅱ-27）

⊖ “形式上的”在文中就是“无用的”一个委婉说法。

单位法向量

高斯定理［方程（Ⅱ-1）］的被积函数中用 $\hat{\boldsymbol{n}}$ 表示的量，叫做单位法向量。这个量会在大多数我们所遇到的面积分的被积函数中出现。然而，正如我们所知，即使单位法向量没有直接出现在面积分的被积函数中，它在面积分的计算中仍然扮演着一个重要的角色。因此，在讨论面积分之前，我们将先处理这个矢量函数的定义和计算问题。

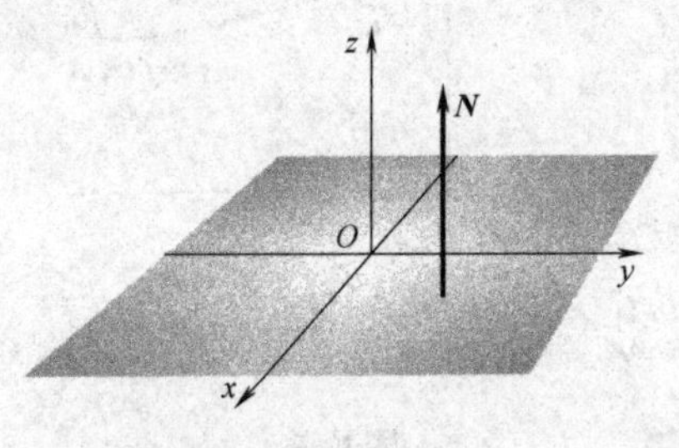

图Ⅱ-1

粗略地讲，“法向”这个词在本书中是垂直的意思。因此，一个垂直于 xOy 平面的矢量 $\boldsymbol{N}$ 显然与 z 轴是平行的（见图Ⅱ-1），而一个垂直于球面的矢量一定在它的向径方向上（见图Ⅱ-2）。下面给出一个矢量和一个面垂直的精确定义。对于任意的面 S，如图Ⅱ-3 所示，构造两个不共线的矢量 $\boldsymbol{u}$ 和 $\boldsymbol{v}$，它们在点 P 处

图Ⅱ-2　　图Ⅱ-3

均与 S 相切。矢量 $\boldsymbol{N}$ 在点 P 处均与向量 $\boldsymbol{u}$ 和 $\boldsymbol{v}$ 垂直，根据定义，它在点 P 处与 S 垂直。那么，正如所知，矢量 $\boldsymbol{u}$ 和 $\boldsymbol{v}$ 的矢量积正好有这样的性质：它与矢量 $\boldsymbol{u}$ 和 $\boldsymbol{v}$ 都垂直。因此，记 $\boldsymbol{N}=\boldsymbol{u}\times\boldsymbol{v}$。由此得到单位向量（长度为1）就很简单了：用矢量 $\boldsymbol{N}$ 除以它的模。即

$$\hat{\boldsymbol{n}}=\frac{\boldsymbol{N}}{N}=\frac{\boldsymbol{u}\times\boldsymbol{v}}{|\boldsymbol{u}\times\boldsymbol{v}|}$$

这个正是在点 P 处垂直于 S 的一个单位向量。

为了求 $\hat{\boldsymbol{n}}$ 的表达式，考虑由方程 $z=f(x, y)$ 定义的面 S，如图Ⅱ-4 所示。按照前面讨论的步骤，求出两个矢量 $\boldsymbol{u}$ 和 $\boldsymbol{v}$，它们的矢量积将产生想要的法向量 $\hat{\boldsymbol{n}}$。为了这个目的，构造一个经过面 S 上的点 P 的一个平面，且它和 xOz 平面平行，如图Ⅱ-4 所示。

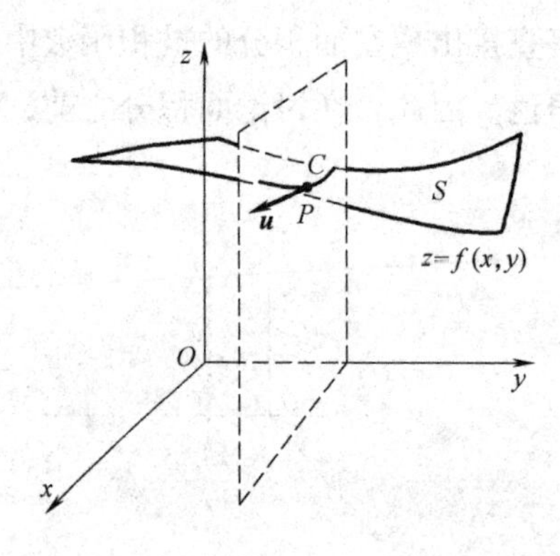

图Ⅱ-4

这个平面与面 S 相交于线 C。构造矢量 $\boldsymbol{u}$ 在点 P 处与曲线 C 相切，且它有任意长度 u_x 的 x 分量。矢量 $\boldsymbol{u}$ 的 z 分量是 $(\partial f/\partial x)u_x$；由构造知，在这个表达式中，我们用到的矢量 $\boldsymbol{u}$ 的斜率，和面 S 在 x 方向上斜率相同（见图Ⅱ-5）。因此，

$$\boldsymbol{u}=\boldsymbol{i}u_x+\boldsymbol{k}\left(\frac{\partial f}{\partial x}\right)u_x=\left[\boldsymbol{i}+\boldsymbol{k}\left(\frac{\partial f}{\partial x}\right)\right]u_x \tag{Ⅱ-2}$$

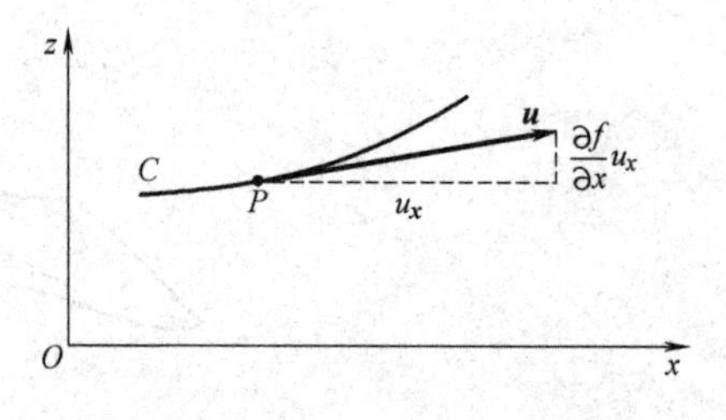

图Ⅱ-5

为了计算这两个矢量中的第二个矢量 $\boldsymbol{v}$，构造经过面 S 上的点 P 的另一个平面，但这个平面与 yOz 面平行（见图Ⅱ-6）。它和面 S 相交于线 C'，且矢量 $\boldsymbol{v}$ 在点 P 处与曲线 C'相切，它有任意长度 v_y 的 y 分量。按上述讨论，有

$$\boldsymbol{v}=\boldsymbol{j}v_y+\boldsymbol{k}\left(\frac{\partial f}{\partial y}\right)v_y=\left[\boldsymbol{j}+\boldsymbol{k}\left(\frac{\partial f}{\partial y}\right)\right]v_y \tag{Ⅱ-3}$$

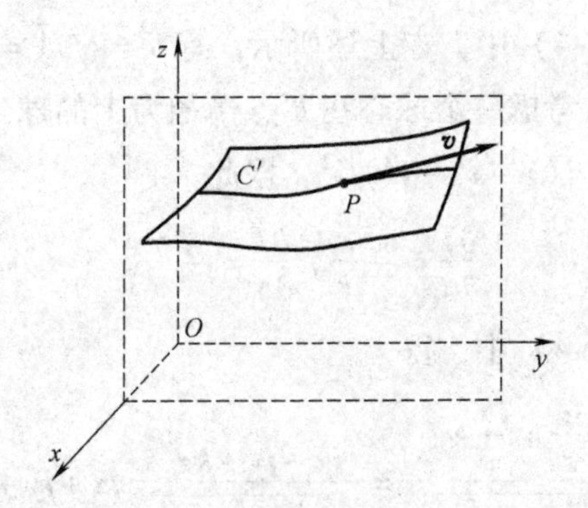

图Ⅱ-6

利用方程（Ⅱ-2）和方程（Ⅱ-3）中给出的矢量 $\boldsymbol{u}$ 和 $\boldsymbol{v}$，构造它们的矢量积。结果为

$$\boldsymbol{u}\times\boldsymbol{v}=\left[-\boldsymbol{i}\left(\frac{\partial f}{\partial x}\right)-\boldsymbol{j}\left(\frac{\partial f}{\partial y}\right)+\boldsymbol{k}\right]u_x v_y$$

是一个矢量，正如上面表述的那样，它在点 P 处与面 S 垂直。为了得到它的单位法向量，除以它的长度得到

$$\hat{\boldsymbol{n}}(x,y,z)=\frac{\boldsymbol{u}\times\boldsymbol{v}}{|\boldsymbol{u}\times\boldsymbol{v}|}=\frac{-\boldsymbol{i}\left(\frac{\partial f}{\partial x}\right)-\boldsymbol{j}\left(\frac{\partial f}{\partial y}\right)+\boldsymbol{k}}{\sqrt{1+\left(\frac{\partial f}{\partial x}\right)^2+\left(\frac{\partial f}{\partial y}\right)^2}} \tag{Ⅱ-4}$$

那么，它就是面 $z=f(x,\ y)$ 在点$(x,\ y,\ z)$处的单位法向量㊀。注意，$\boldsymbol{u}_x$ 和 $\boldsymbol{v}_y$ 这两个量是相互独立的。

下面给出两道例题。第一个是简单的问题：与 xOy 平面垂直的单位法向量是什么？答案当然是矢量 $\boldsymbol{k}$（见图Ⅱ-1）。可以通过方程（Ⅱ-4）来找到答案。xOy 平面的方程是

$$z=f(x,y)=0,$$

由此可以发现

$$\partial f/\partial x=0,\ \partial f/\partial y=0。$$

㊀ 文中［方程（Ⅱ-4）］结论的唯一性可能在两个方面受到质疑。一是符号含义模糊：如果$\hat{\boldsymbol{n}}$是一个单位法向量，那么$-\hat{\boldsymbol{n}}$也是。使用哪一个符号将在后面来讨论。第二个问题是：用来确定$\hat{\boldsymbol{n}}$的两个相切的向量 $\boldsymbol{u}$，$\boldsymbol{v}$ 是非常特殊的，因为它们每一个都与一个坐标平面平行。那么利用任意两个相切的向量能否得到同样的结论呢？这个问题见习题Ⅳ-26，那里证明了由方程（Ⅱ-4）所给出的$\hat{\boldsymbol{n}}$除了符号之外确实是唯一的。

将它们代入到方程（Ⅱ-4）中，如上述所示，有 $\hat{\boldsymbol{n}}=\boldsymbol{k}/\sqrt{1}=\boldsymbol{k}$。

作为第二个例子，考虑一个球心在原点半径为 1 的球（见图Ⅱ-2）。上半球的方程为 $z=f(x,\ y)\ =(1-x^2-y^2)^{1/2}$，据此

$$\frac{\partial f}{\partial x}=-\frac{x}{z},\ \frac{\partial f}{\partial y}=-\frac{y}{z}。$$

将它们代入到方程（Ⅱ-4）中，得

$$\hat{\boldsymbol{n}}=\frac{\dfrac{\boldsymbol{i}x}{z}+\dfrac{\boldsymbol{j}y}{z}+\boldsymbol{k}}{\sqrt{\dfrac{x^2}{z^2}+\dfrac{y^2}{z^2}+1}}=\frac{\boldsymbol{i}x+\boldsymbol{j}y+\boldsymbol{k}z}{\sqrt{x^2+y^2+z^2}}=\boldsymbol{i}x+\boldsymbol{j}y+\boldsymbol{k}z。$$

这里应用了单位球的方程 $x^2+y^2+z^2=1$。正如我们所期待的那样，这是一个向径方向的矢量（见图Ⅱ-2）。证明它的长度是 1，可由 $\hat{\boldsymbol{n}}\cdot\hat{\boldsymbol{n}}=x^2+y^2+z^2=1$ 得到。

现在处理的是单位法向量的问题，接下来讨论面积分。

面积分的定义

现在定义矢量函数 $\boldsymbol{F}(x,\ y,\ z)$ 的法向分量的面积分。这个量可定义为

$$\iint_S \boldsymbol{F}\cdot\hat{\boldsymbol{n}}\mathrm{d}S \qquad (Ⅱ\text{-}5)$$

并且正如所看到的，高斯定理［方程（Ⅱ-1）］是按照这样的一个积分表示的。设 $z=f\ (x,\ y)$ 是某个曲面的方程，考虑这个面的一个有限区域，将它表示为 S（见图Ⅱ-7）。为了用公式表示面积分的定义，第一步是用一个包含 N 个平面的多面体来近似表示 S，多面体的每个平面在某个点与 S 相切，用这个多面体来

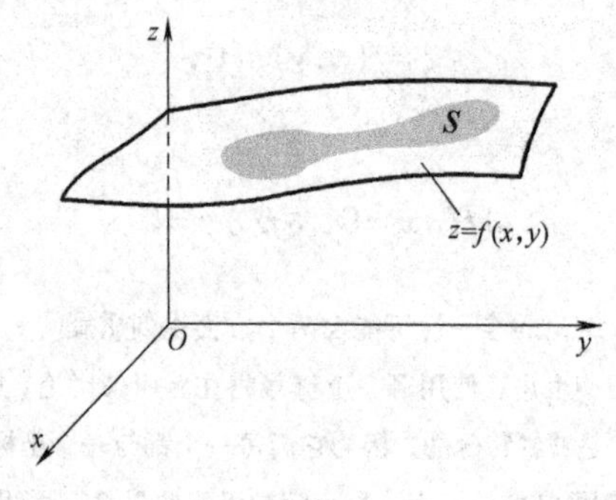

图Ⅱ-7

近似表示 S。图Ⅱ-8 表明这个近似的多面体看起来像一个八分之一的球壳。我们将注意力集中在这些平面中的其中一个，称其为第 l 个平面（见图Ⅱ-9）。设它的面积为 ΔS_l，设(x_l, y_l, z_l)是过这个点的平面与曲面 S 的切点。

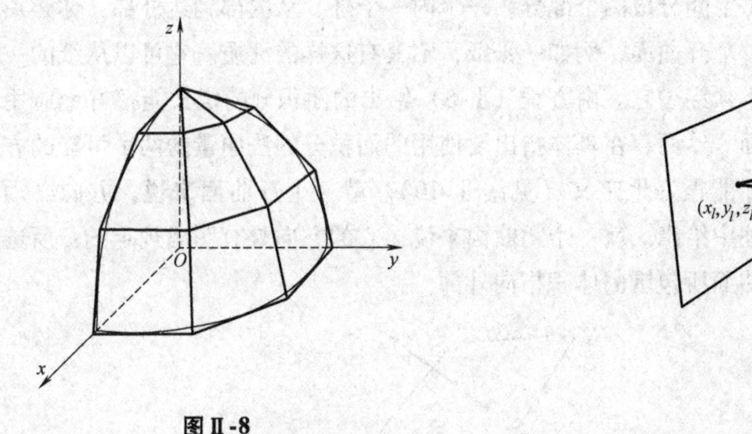

图Ⅱ-8　　　　图Ⅱ-9

在这个点处估计函数 $\boldsymbol{F}$，然后让它与 $\hat{\boldsymbol{n}}_l$ 做点积，$\hat{\boldsymbol{n}}_l$ 是第 l 个平面的单位法向量。$\boldsymbol{F}(x_l, y_l, z_l)\cdot\hat{\boldsymbol{n}}_l$ 这个运算结果乘以这个平面的面积 ΔS_l，得到

$$\boldsymbol{F}(x_l,y_l,z_l)\cdot\hat{\boldsymbol{n}}_l\Delta S_l。$$

用同样的方法对近似多边形的 N 个面中的每一个面进行计算，然后求和：

$$\sum_{l=1}^{N}\boldsymbol{F}(x_l,y_l,z_l)\cdot\hat{\boldsymbol{n}}_l\Delta S_l。$$

当平面的数量 N 趋向于无穷大且每个平面的面积趋向于 0[㊀]时，这个和式的极限定义为面积分（Ⅱ-5）。因此，

$$\iint_S \boldsymbol{F}\cdot\hat{\boldsymbol{n}}dS = \lim_{\substack{N\to\infty \\ 每个\Delta S_l\to 0}}\sum_{l=1}^{N}\boldsymbol{F}(x_l,y_l,z_l)\cdot\hat{\boldsymbol{n}}_l\Delta S_l。\quad (Ⅱ\text{-}6)$$

如果想更详细地描述这个积分式子，严格来说，这个积分应该写成

$$\iint_S \boldsymbol{F}(x,y,z)\cdot\hat{\boldsymbol{n}}(x,y,z)\mathrm{d}S。$$

一般来说，$\boldsymbol{F}$ 和 $\hat{\boldsymbol{n}}$ 都是方位函数。希望在不影响参数理解的条件下，尽可能使用更简洁的表达形式

㊀ “每一个 $\Delta S_l\to 0$”这个说法并不十分准确。例如：一个矩形片的面积可以趋向于 0，如果它的宽度趋向于零而长度保持不变。这是不被接受的。无论是这里还是其他地方，我们必须将“每一个 $\Delta S_l\to 0$”解释为第 l 块的所有线的尺寸都趋向于 0。

$$\iint_S \boldsymbol{F} \cdot \hat{\boldsymbol{n}} \mathrm{d}S。$$

用来求面积分的曲面 S 可以分成两类：闭曲面和开曲面。一个闭曲面，例如一个球形的壳，将空间分成两个部分，一个内一个外。从内部到达外部，你必须穿过这个平面。一个开曲面，例如一张纸，不具有这样的性质。它可以从纸的一边到达另一边而不须穿过它。由方程（Ⅱ-6）给出的面积分的定义能很好地应用于闭曲面和开曲面。然而，在具体指出要使用的面积分的法向量的两个可能的方向之后，面积分才能很好地定义（见图Ⅱ-10）。就一个开曲面来说，方向必须在这个问题的陈述中给出。就一个闭曲面来说，它的方向是有明确规定的：所选取的法向量，从曲面所包围的体积指向外部。

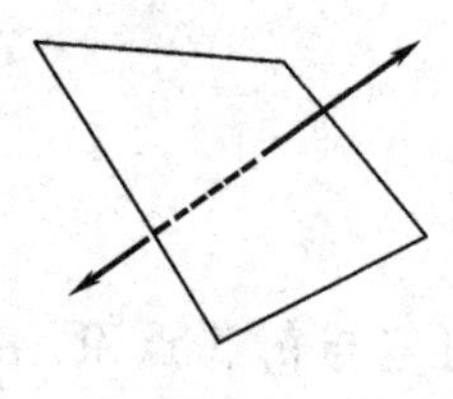

图Ⅱ-10

在高斯定理［方程（Ⅱ-1）］中的积分被闭曲面所取代。事实上，高斯定理指出，在一个闭曲面上电场的法向分量的面积分等于由曲面所包围的全部电荷的电量除以 ε_0。在第 24～28 页和习题Ⅱ-11、习题Ⅱ-12 和习题Ⅱ-13 中将看到，当电荷整齐并对称地排列时，高斯定理能被使用来确定电场强度。但整个讨论的核心是当电荷排列不对称时，应用高斯定律去求 $\boldsymbol{E}$。

有时会遇到比刚刚定义的那种更简洁的面积分，其实它们基本上大致相同。这些面积分具有

$$\iint_S G(x,y,z)\,\mathrm{d}S \tag{Ⅱ-7}$$

的形式，这里被积函数 $G(x, y, z)$ 是一个确定的标量函数而不是方程（Ⅱ-5）和方程（Ⅱ-6）中矢量函数的数量积。正如上面所作的一样，我们将定义这种类型的面积分。用一个多面体来近似 S，构造 $G(x, y, z)\Delta S_l$ 的积，将所有面求和并取极限

$$\iint_S G(x,y,z)\,\mathrm{d}S = \lim_{\substack{N\to\infty \\ \text{每个}\Delta S_l\to 0}} \sum_{l=1}^{N} G(x_l,y_l,z_l)\,\Delta S_l。 \tag{Ⅱ-8}$$

关于这种面积分举一个例子，假设一个面厚度忽略不记，其密度（即单位面积的质量）为 $\sigma(x, y, z)$，希望求出它的总质量。如上面所介绍的方法用一个多面体去近似这个面，用 $\sigma(x_l, y_l, z_l)\Delta S_l$ 来估计这个多面体第 l 个平面的质量，那么

$$\sum_{l=1}^{N} \sigma(x_l, y_l, z_l)\Delta S_l$$

就近似地等于整个面的质量。取极限

$$\lim_{\substack{N\to\infty \\ \text{每个}\Delta S_l\to 0}} \sum_{l=1}^{N} \sigma(x_l, y_l, z_l)\Delta S_l = \iint_S \sigma(x, y, z)\,\mathrm{d}S,$$

得到这整个面的总质量。

关于这个面积分再举一个更简单的面积分例子是

$$\iint_S \mathrm{d}S,$$

这个积分可作为计算 S 表面积的方法。

计算面积分

既然已经定义了面积分，现在的任务是必须建立计算它的方法。为了简单起见，将研究式（Ⅱ-7）形式的面积分，这里被积函数是一个给定的矢量函数，而不是稍微复杂的式（Ⅱ-5）的形式。这样做将不会失去一般性，对于所有得到的结果都可应用于式（Ⅱ-5）形式的积分，只需在出现 $G(x, y, z)$ 的地方用 $\boldsymbol{F}(x, y, z)\cdot\hat{\boldsymbol{n}}$ 去替代即可。

为了计算这个积分

$$\iint_S G(x, y, z)\,\mathrm{d}S$$

［它是关于面 $z=f(x, y)$（见图Ⅱ-11）上的一部分 S 的积分］，回到面积分［方程（Ⅱ-8）］的定义。我们的策略是取 ΔS_l 在 xOy 平面上的投影 ΔR_l，如图Ⅱ-12 所示。

这样做就能使得用一个一般的在 R 上的二重积分去表示在 S 上的面积分，其中 R 是 S 在 xOy 平面上的投影，如图Ⅱ-11 所示。

将 ΔS_l 和 ΔR_l 联系起来是不困难的，因为如果想用到 ΔS_l 时（例如任意平

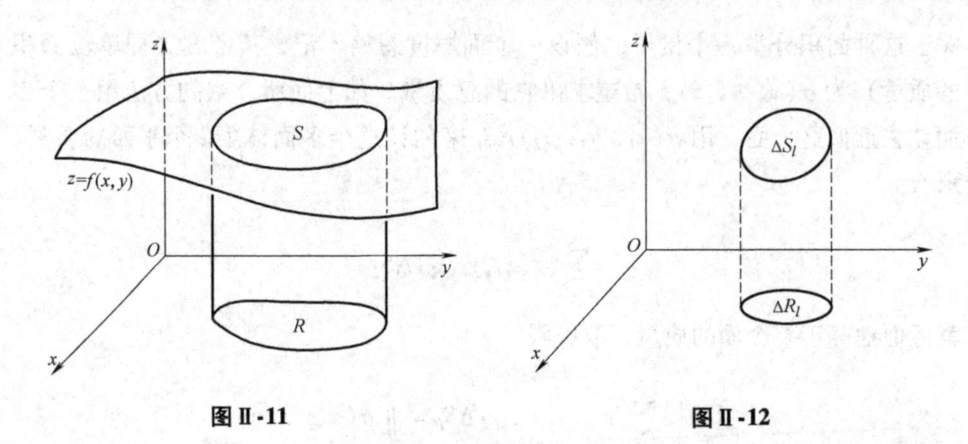

图Ⅱ-11　　　　图Ⅱ-12

面的面积）能用一组矩形来近似，并且可以达到任意的需要的精确度，如图Ⅱ-13所示。由于这个原因，只需找到矩形的面积和它在 xOy 平面上的投影的关系。因此，考虑放置一个一组对边和 xOy 平面平行的矩形（见图Ⅱ-14）。如果令这些边的长为 a，那么显然它们在 xOy 平面上投射后的长度也是 a。但是，另一对长度为 b 的边，它的投影后的长度为 b'，一般地，b 和 b'是不等的。因此，为了使矩形的面积 ab 和投影后的面积 ab'相联系，必须用 b'表示 b。这样做很容易，因为如果 θ 是图Ⅱ-14 所示的角，可得到 $b = b'/\cos\theta$，故

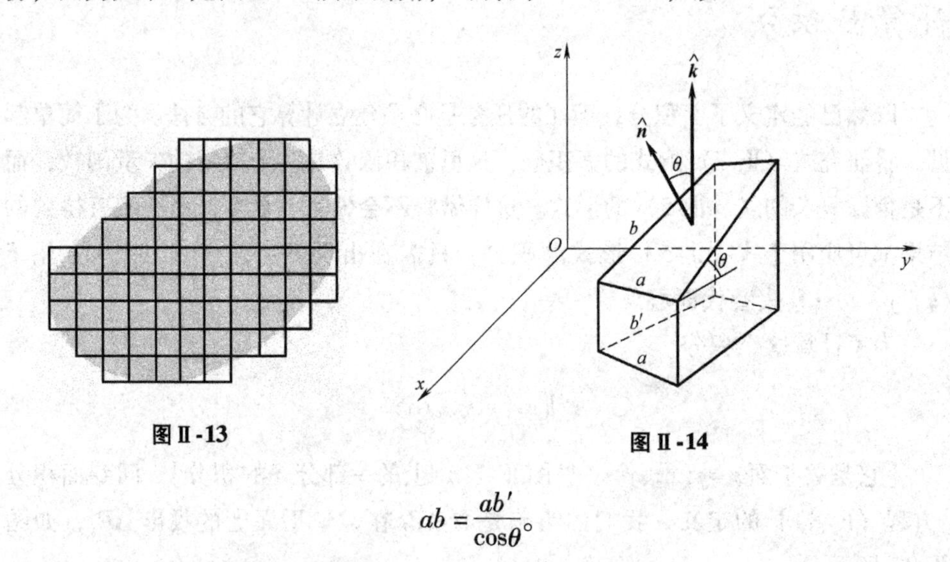

图Ⅱ-13　　　　图Ⅱ-14

$$ab = \frac{ab'}{\cos\theta}。$$

如果令 $\hat{\boldsymbol{n}}$ 表示矩形的单位法向量，那么很容易得到 $\cos\theta = \hat{\boldsymbol{n}} \cdot \boldsymbol{k}$，这里 $\boldsymbol{k}$ 是 z 轴正半轴上的单位向量。因此，

$$ab = \frac{ab'}{\hat{\boldsymbol{n}} \cdot \boldsymbol{k}}。$$

由于面积 ΔS_l 能用这样的矩形近似到任意的精确度，那么有

$$\Delta S_l=\frac{\Delta R_l}{\hat{\boldsymbol{n}}_l\cdot\boldsymbol{k}},$$

当然，其中 $\hat{\boldsymbol{n}}_l$ 是第 l 平面的单位法向量。

现在，重新写出面积分［方程（Ⅱ-8）］的定义为

$$\iint_S G(x,y,z)\,\mathrm{d}S=\lim_{\substack{N\to\infty\\ \text{每个}\Delta R_l\to 0}}\sum_{l=1}^{N}G(x_l,y_l,z_l)\frac{\Delta R_l}{\hat{\boldsymbol{n}}\cdot\boldsymbol{k}},\tag{Ⅱ-9}$$

这里“每个 $\Delta S_l\to 0$”用与它等价但比它更合适的“每个 $\Delta R_l\to 0$”所代替。现在，显然是在用一个在 R 上的二重积分去改写在 S 上的面积分。事实上，

$$\lim_{\substack{N\to\infty\\ \text{每个}\Delta R_l\to 0}}\sum_{l=1}^{N}\frac{G(x_l,y_l,z_l)}{\hat{\boldsymbol{n}}\cdot\boldsymbol{k}}\Delta R_l\equiv\iint_R\frac{G(x,y,z)}{\hat{\boldsymbol{n}}(x,y,z)\cdot\boldsymbol{k}}\mathrm{d}x\mathrm{d}y,\tag{Ⅱ-10}$$

这里 $\hat{\boldsymbol{n}}(x,\ y,\ z)$ 是曲面 S 在点（x，y，z）处的单位法向量。这是一个在 R 上的二重积分，使其变化的是在 G 和 $\hat{\boldsymbol{n}}$ 中多了 z。显然，在 xOy 平面上一个区域的二重积分无权包含任何的 z 项。其实 z 分量是可以去掉的，由于（x，y，z）是 S 上一点的坐标，故 $z=f$（x，y）。用方程（Ⅱ-10）来求积分已经很复杂，为了避免这一情况加剧，可以去掉被积函数中显而易已的 z 分量，并写成

$$\iint_R\frac{G[x,y,f(x,y)]}{\hat{\boldsymbol{n}}[x,y,f(x,y)]\cdot\boldsymbol{k}}\mathrm{d}x\mathrm{d}y。\tag{Ⅱ-11}$$

我们要满怀信心，在大多数情况下，这个被积函数能很快地被简化为某些更简单和更好的形式，这一事实将用下面的例子来阐述。在这一点，引进单位法向量的表达式［方程（Ⅱ-4）］。有

$$\hat{\boldsymbol{n}}\cdot\boldsymbol{k}=\frac{1}{\sqrt{1+(\partial f/\partial x)^2+(\partial f/\partial y)^2}},$$

且方程（Ⅱ-11）变成

$$\iint_S G(x,y,z)\,\mathrm{d}S=\iint_R G[x,y,f(x,y)]\cdot\sqrt{1+\left(\frac{\partial f}{\partial x}\right)^2+\left(\frac{\partial f}{\partial y}\right)^2}\,\mathrm{d}x\mathrm{d}y。\tag{Ⅱ-12}$$

因此，在 S 上 $G(x,\ y,\ z)$ 的面积分已经被表示为在 R 上看起来混乱的函数的二重积分，R 是 S 在 xOy 平面上的投影。正如上面所提到的，实际上这个积分通常没有像它写成方程（Ⅱ-11）或方程（Ⅱ-12）那样复杂。从下面给出的例子中你将看到这一点。

首先，计算面积分 $\iint_S (x+z)\,\mathrm{d}S$，这里 S 是平面 $x+y+z=1$ 在第一卦限中的部分，如图Ⅱ-15a 所示。S 在 xOy 平面上的投影是在图中所示的三角形 R。S 的方程可写为

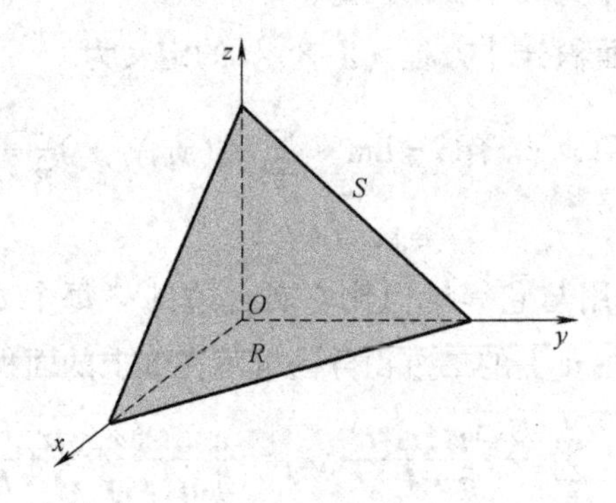

图Ⅱ-15 a)

$$z=f(x,y)=1-x-y,$$

由此得到

$$\frac{\partial f}{\partial x}=\frac{\partial f}{\partial y}=-1,$$

所以

$$\sqrt{1+\left(\frac{\partial f}{\partial x}\right)^2+\left(\frac{\partial f}{\partial y}\right)^2}=\sqrt{3}。$$

因此

$$\begin{aligned}\iint_S (x+z)\,\mathrm{d}S &=\sqrt{3}\iint_R (x+z)\,\mathrm{d}x\mathrm{d}y\\ &=\sqrt{3}\iint_R (x+1-x-y)\,\mathrm{d}x\mathrm{d}y=\sqrt{3}\iint_R (1-y)\,\mathrm{d}x\mathrm{d}y。\end{aligned}$$

这里我们已经使用了 $z=1-x-y$。这是一个简单的二重积分，其值为 $1/\sqrt{3}$，读者应该能自己证明。

第二个例子是计算面积分

$$\iint_S z^2\,\mathrm{d}S,$$

这里 S 是球心为原点半径为 1 的球的$\frac{1}{8}$，如图Ⅱ-15b 所示。S 在 xOy 平面上的投

影（即 R）是1/4圆所围成的闭区域。S 的方程是 $x^2+y^2+z^2=1$，或

$$z=f(x,y)=+\sqrt{1-x^2-y^2}。$$

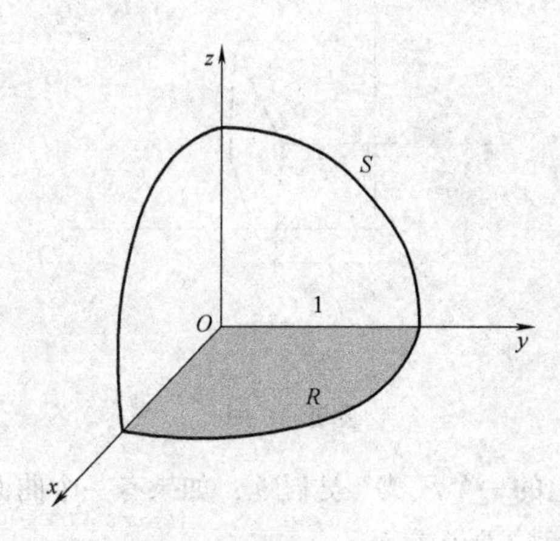

图Ⅱ-15 b)

然后得到

$$\frac{\partial f}{\partial x}=-\frac{x}{z},\frac{\partial f}{\partial y}=-\frac{y}{z},$$

故

$$\sqrt{1+\left(\frac{\partial f}{\partial x}\right)^2+\left(\frac{\partial f}{\partial y}\right)^2}=\sqrt{1+\frac{x^2}{z^2}+\frac{y^2}{z^2}}=\frac{1}{z}\sqrt{x^2+y^2+z^2}=\frac{1}{z},$$

这里，已经使用了 $x^2+y^2+z^2=1$。因此，

$$\iint_S z^2\mathrm{d}S=\iint_R z^2\frac{1}{z}\mathrm{d}x\mathrm{d}y=\iint_R z\mathrm{d}x\mathrm{d}y。$$

用 x，y 替换 z，有

$$\iint_S z^2\mathrm{d}S=\iint_R \sqrt{1-x^2-y^2}\mathrm{d}x\mathrm{d}y。$$

这是一个很常见的二重积分，读者应该能自己证明它的值为 $\pi/6$。[提示：转化成极坐标：$x=r\cos\theta$，$y=r\sin\theta$，然后这个积分就简单了。]

需要强调的是即将进行的讨论是基于这样的假设，即 S 由形式为 $z=f(x,\ y)$ 的方程所描述；在这样的情况下，一个面积分被转化成一个 xOy 平面上某一区域的二重积分。但也有这样的情况可能发生，即一个给定的曲面更容易由一个形式为 $y=g\ (x,\ z)$ 的方程所描述，如图Ⅱ-16a 所示。如果是这样，那么

$$\iint_S G(x,y,z)\,\mathrm{d}S = \iint_R G[x,g(x,z),z]\cdot\sqrt{1+\left(\frac{\partial g}{\partial x}\right)^2+\left(\frac{\partial g}{\partial z}\right)^2}\,\mathrm{d}x\mathrm{d}z,$$

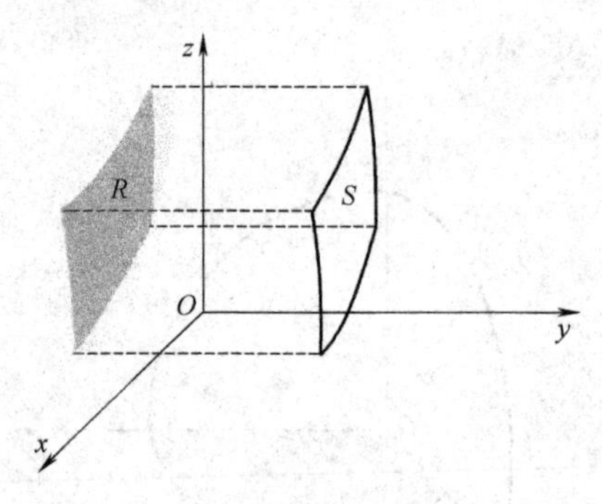

图Ⅱ-16 a）

这里，R 是 xOz 平面上的一个区域。类似地，如果有一个曲面由 $x=h$（y，z）所描述，如图Ⅱ-16b 所示，那么有

$$\iint_S G(x,y,z)\,\mathrm{d}S = \iint_R G[h(y,z),y,z]\cdot\sqrt{1+\left(\frac{\partial h}{\partial y}\right)^2+\left(\frac{\partial h}{\partial z}\right)^2}\,\mathrm{d}y\mathrm{d}z。$$

在这种情况下，R 是 yOz 平面上的一个区域。最后，一个曲面可以有许多部分，则可以方便地将其不同的部分投影到不同的坐标平面。

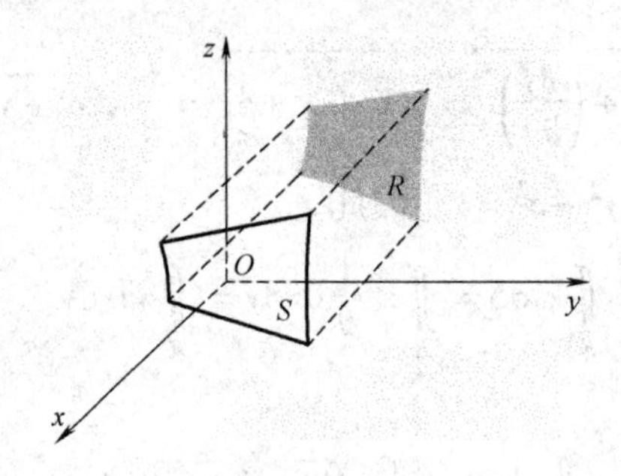

图Ⅱ-16 b）

为了计算形如方程（Ⅱ-5）的面积分，即

$$\iint_S \boldsymbol{F}\cdot\hat{\boldsymbol{n}}\,\mathrm{d}S,$$

仅仅用 $\boldsymbol{F}\cdot\hat{\boldsymbol{n}}$ 去替换方程（Ⅱ-12）中的 G，得到

$$\iint_S \boldsymbol{F}\cdot\hat{\boldsymbol{n}}\,\mathrm{d}S = \iint_R \boldsymbol{F}\cdot\hat{\boldsymbol{n}}\sqrt{1+\left(\frac{\partial f}{\partial x}\right)^2+\left(\frac{\partial f}{\partial y}\right)^2}\,\mathrm{d}x\mathrm{d}y。$$

如果现在用方程（Ⅱ-4）详细地写出，则发现平方根的因式相抵，有

$$\iint_S \boldsymbol{F}\cdot\hat{\boldsymbol{n}}\mathrm{d}S=\iint_R \left\{-F_x[x,y,f(x,y)]\frac{\partial f}{\partial x}-F_y[x,y,f(x,y)]\frac{\partial f}{\partial y}+F_z[x,y,f(x,y)]\right\}\mathrm{d}x\mathrm{d}y。\tag{Ⅱ-13}$$

当 S 由 $y=g\ (x,\ z)$ 或 $x=h(y,\ z)$ 给出时，它们一定分别被投影到 xOz 和 yOz 平面区域，我们把写出类似公式的工作留给读者。

上一个方程（Ⅱ-13）太过复杂了，但是，同之前一样，在大多数情况下它能被很快地化简为某种简单的形式。例如，假设去计算 $\iint_S \boldsymbol{F}\cdot\hat{\boldsymbol{n}}\mathrm{d}S$，这里 $\boldsymbol{F}(x,\ y,\ z)=\boldsymbol{i}z-\boldsymbol{j}y+\boldsymbol{k}x$ 且 S 是平面 $x+2y+2z=2$ 由坐标平面所限制的一部分，也就是图Ⅱ-17a 中所示的斜躺的三角形。所选取的法向量 $\hat{\boldsymbol{n}}$ 从原点指向外，如图Ⅱ-17a 所示，且将 S 投影到 xOy 平面上。有

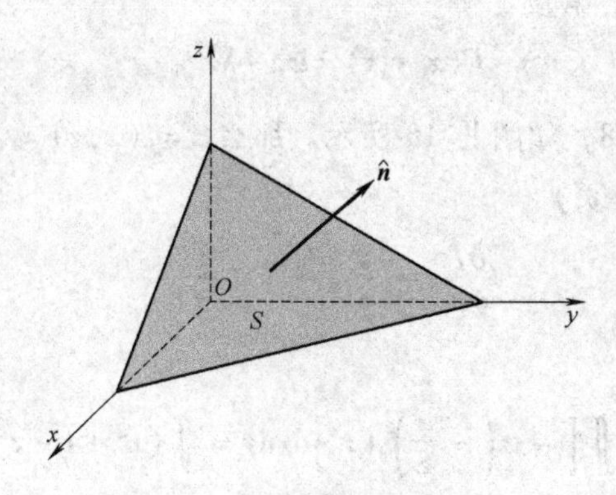

图Ⅱ-17 a)

$$z=f(x,y)=1-\frac{x}{2}-y,$$

故

$$\frac{\partial f}{\partial x}=-\frac{1}{2},\frac{\partial f}{\partial y}=-1。$$

也有

$$F_x=z=1-\frac{x}{2}-y,F_y=-y,F_z=x。$$

因此

$$\iint_S \boldsymbol{F}\cdot\hat{\boldsymbol{n}}\mathrm{d}S=\iint_R\left\{\left[-\left(1-\frac{x}{2}-y\right)\right]\left(-\frac{1}{2}\right)+y(-1)+x\right\}\mathrm{d}x\mathrm{d}y$$

$$= \iint_R \left(\frac{3x}{4} - \frac{3y}{2} + \frac{1}{2}\right) \mathrm{d}x\mathrm{d}y,$$

这个积分所取区域 R 如图Ⅱ-17b 所示。因此这个问题被转化为一个相当简单的二重积分的计算问题，并且读者自己应该能算出结果（答案是 1/2）。

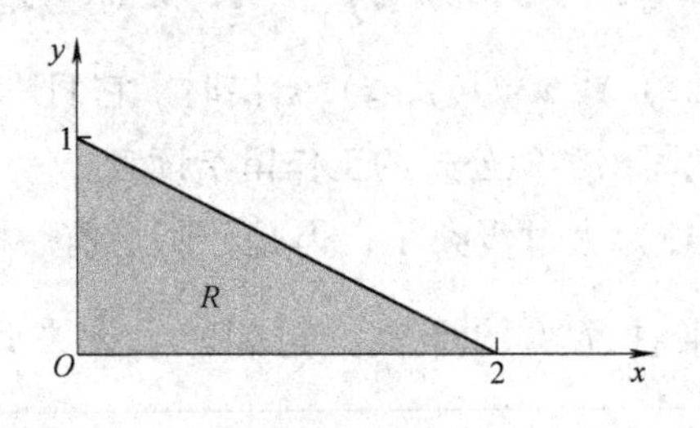

图Ⅱ-17 b)

作为第二个例子，假设

$$F(x,y,z) = \boldsymbol{i}xz + \boldsymbol{k}z^2。$$

设 S 是一个球面的 1/8，如图Ⅱ-15 所示。那么 $z = f(x,y) = \sqrt{1 - x^2 - y^2}$，且已经证明了（见书第 19 页）

$$\frac{\partial f}{\partial x} = -\frac{x}{z}, \frac{\partial f}{\partial y} = -\frac{y}{z}。$$

因此，

$$\iint_S \boldsymbol{F} \cdot \hat{\boldsymbol{n}} \mathrm{d}S = \iint_R \left[-xz\left(-\frac{x}{z}\right) + z^2\right] \mathrm{d}x\mathrm{d}y = \iint_R (x^2 + 1 - x^2 - y^2) \mathrm{d}x\mathrm{d}y$$

$$= \iint_R (1 - y^2) \mathrm{d}x\mathrm{d}y = \iint_R \mathrm{d}x\mathrm{d}y - \iint_R y^2 \mathrm{d}x\mathrm{d}y,$$

这里 R 是一个 1/4 圆，如图Ⅱ-15 所示。上一个等式的第一个积分就是半径为 1 的 1/4 圆的面积，因此它等于 $\pi/4$。第二个积分通过引进极坐标来求解。有

$$\iint_R y^2 \mathrm{d}x\mathrm{d}y = \int_0^{\pi/2} \int_0^1 r^2 \sin^2\theta r \mathrm{d}r \mathrm{d}\theta$$

$$= \int_0^{\pi/2} \sin^2\theta \mathrm{d}\theta \int_0^1 r^3 \mathrm{d}r,$$

这里 r 和 θ 的积分都是很简单的，并且读者应该没有问题证明这个表达式等于 $\pi/16$。因此

$$\iint_S \boldsymbol{F} \cdot \hat{\boldsymbol{n}} \mathrm{d}S = \pi/4 - \pi/16 = 3\pi/16。$$

通量

形如

$$\iint_S \boldsymbol{F}(x,y,z)\cdot\hat{\boldsymbol{n}}\mathrm{d}S \tag{Ⅱ-14}$$

的积分有时被称作“$\boldsymbol{F}$ 的通量”。因此，高斯定理［方程（Ⅱ-1）］说明静电场在某个闭曲面的通量等于被包围在内的电荷除以 ε_0。

为了理解在本书中 flux（通量的拉丁文）这个词的意义，用矢量微积分的知识能得到更好的直观效果，考虑一个密度为 ρ，速度为 v 的流体，要求解流体在 Δt 时间内穿过一个和流动方向垂直的面积为 ΔS 的区域的总质量。显然，在一个长度为 $v\Delta t$，底面积为 ΔS 的圆柱体中，所有的流体将在 Δt 时间内穿过 ΔS（见图Ⅱ-18）。这个圆柱的体积是 $v\Delta t\Delta S$，且它包含全部的质量为 $\rho v\Delta t\Delta S$。除以 Δt 得到流动速率。因此，

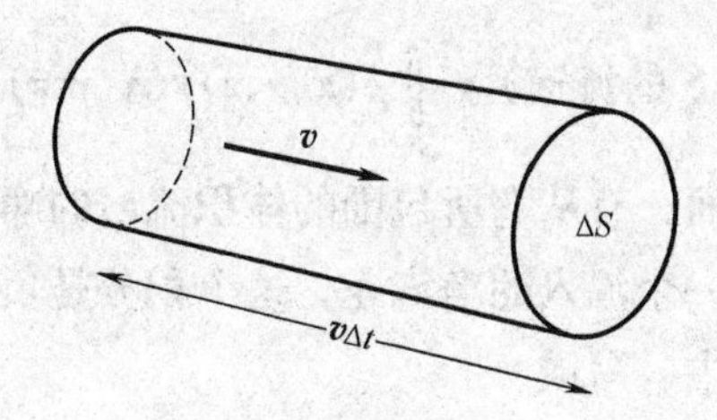

图Ⅱ-18

$$(\text{通过 }\Delta S\text{ 的流动速率})=\rho v\Delta S。$$

现在考虑一种稍微复杂的情况，区域 ΔS 和流动的方向不垂直（见图Ⅱ-19）。Δt 时间内通过 ΔS 的物质的体积就是图中所示的小斜圆柱的体积。体积是 $v\Delta t\Delta S\cos\theta$，这里 θ 是矢量速度 $\boldsymbol{v}$ 和 $\hat{\boldsymbol{n}}$ 的夹角，$\hat{\boldsymbol{n}}$ 是垂直于 ΔS 的单位向量且指向斜圆柱的外侧。但是 $v\cos\theta=\boldsymbol{v}\cdot\hat{\boldsymbol{n}}$。所以两边乘以 ρ 除以 Δt，有

$$(\text{通过 }\Delta S\text{ 的流动速率})=\rho\boldsymbol{v}\cdot\hat{\boldsymbol{n}}\Delta S。$$

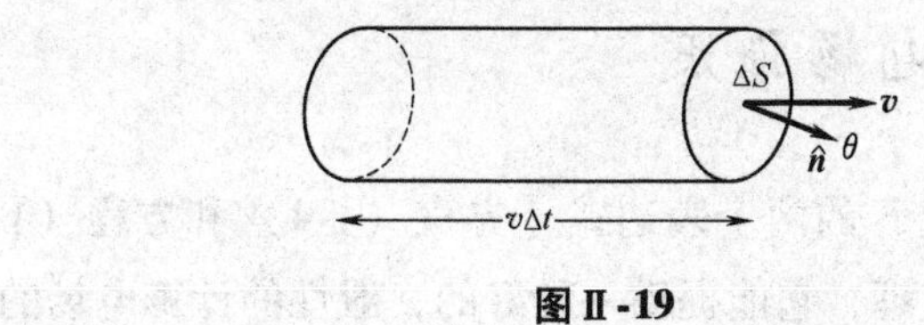

图Ⅱ-19

最后，考虑一个在包含流动物质的空间中某个区域内的曲面 S（见图Ⅱ-20）。用一个多面体来近似这个曲面。由上面的讨论，物质流过多面体第 l 个平面的速率近似是

$$\rho(x_l,y_l,z_l)\boldsymbol{v}(x_l,y_l,z_l)\cdot\hat{\boldsymbol{n}}_l\Delta S_l。$$

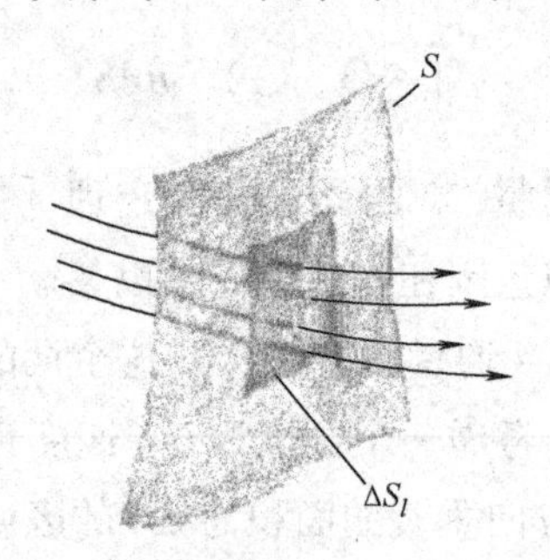

图Ⅱ-20

这里，(x_l, y_l, z_l) 是和 S 相切的第 l 个平面的点的坐标，且 $\hat{\boldsymbol{n}}$ 是与第 l 个平面垂直的单位向量。对所有平面求和并取极限，有

$$（通过\ \Delta S\ 的流速）=\iint_S \rho(x,y,z)\boldsymbol{v}(x,y,z)\cdot\hat{\boldsymbol{n}}\mathrm{d}S。$$

如果 S 正好是一个闭曲面，有从它所包围的体积流出的净流速，这样你能确信这个积分是正的，如果有一个流入的净流速，这个积分是负的。

如果在上一个方程中，写成

$$\boldsymbol{F}(x,y,z)=\rho(x,y,z)\boldsymbol{v}(x,y,z),$$

那么在形式上这个积分被看成与方程（Ⅱ-14）相同。因此，任何如方程（Ⅱ-14）形式的积分被称作“$\boldsymbol{F}$ 在曲面 S 上的通量”，甚至当函数 $\boldsymbol{F}$ 不是密度与速率乘积的时候！关于通量强调这一点尽管可能有些不妥，然而它给出了一个对于高斯定理在几何和物理上的好的描述：电场从一个附着电荷的面流出，通量与所包围的净电荷量成正比。注意：这不是从字面意义上说的。在流体流动的意义上来说，电场是不流动的。它仅仅是帮助我们理解高斯定理的物理意义所用的形象化语言。

应用高斯定理求电场强度

已经拒绝了电场强度 $\boldsymbol{E}$ 的两个表达式［方程（Ⅰ-4）和方程（Ⅰ-7）］，发现所剩的唯一方法是高斯定理，它能提供一种好的一般性的计算电场的方法。但它

不像方程（Ⅰ-4）和方程（Ⅰ-7）那样，它对于 $\boldsymbol{E}$ 不是一个明确的表达式。它不是表示成"$\boldsymbol{E}$ 等于什么"，而是表示成"$\boldsymbol{E}$ 的通量（$\boldsymbol{E}$ 的法向分量的面积分）等于什么"。因此，为了应用高斯定理，必须把 $\boldsymbol{E}$ 解出来。除此之外，在某些情况下也可用高斯定理来计算电场强度，正如下面的例子。

考虑一个放在坐标系原点的点电荷 q。考虑到对称的因素关于它的电场有两个方面要求：

（1）它必须在向径方向（即它必须直接指向原点或直接从原点向外指），（2）对一个中心在原点的球面上的所有点，它必须有同样的长度。用符号表示，有 $\boldsymbol{E}=\hat{\boldsymbol{e}}_r E(r)$，这里 $\hat{\boldsymbol{e}}_r=\boldsymbol{r}/r$ 是一个向径方向的单位向量。因此，高斯定理变成

$$\iint_S E(r)\hat{\boldsymbol{e}}_r\cdot\hat{\boldsymbol{n}}\mathrm{d}S=q/\varepsilon_0。$$

对于曲面 S，如果选择一个球心在原点半径为 r 的球，稍加思考便知 $\hat{\boldsymbol{n}}=\hat{\boldsymbol{e}}_r$，所以 $\hat{\boldsymbol{n}}\cdot\hat{\boldsymbol{e}}_r=1$ 且有

$$\iint_S E(r)\mathrm{d}S=q/\varepsilon_0。$$

如果认为 r 是球面 S 上的一个常数，求这个积分是不重要的。这意味着 $E(r)$ 也是 S 上的一个常数且有㊀

$$\iint_S E(r)\mathrm{d}S=E(r)\iint_S \mathrm{d}S=4\pi r^2E(r)=q/\varepsilon_0。$$

由此，

$$E(r)=\frac{1}{4\pi\varepsilon_0}\frac{q}{r^2},$$

且

$$\boldsymbol{E}(r)=\hat{\boldsymbol{e}}_rE(r)=\frac{\hat{\boldsymbol{e}}_r}{4\pi\varepsilon_0}\frac{q}{r^2},$$

这与方程（Ⅰ-2）一致。

从这个例子能看到当应用高斯定理来计算电场强度时，十分依赖于它的对称性。实际上，使用高斯定律的表达式时，方程（Ⅱ-1）比方程（Ⅰ-4）和方程（Ⅰ-7）需要更加对称和简单的电场分布。这是因为用定理的表达式计算电场时总

㊀ 像这样的捷径经常使得我们可以不使用上述讨论的方法来计算面积分成为可能。更多的例子将在习题Ⅱ-10 中给出。

共分三种情况（包括它们的组合）：（1）电荷呈球形对称的分布（上面的点电荷是一个特例），（2）一个无限长的圆柱形对称分布（包含无限长均匀分布的电场线），（3）一个无限大的块状电荷（包含一个特例，一个无限均匀电荷平面）㊀。方程（Ⅱ-1）的实际价值是它能够变形为一种更加有用的形式。

那么是什么使得很难通过方程（Ⅱ-1）去求 $\boldsymbol{E}$？假设正在计算机上进行数值计算并且希望去估计 $\iint_S \boldsymbol{E}\cdot\hat{\boldsymbol{n}}\mathrm{d}S$ 的值。求积分值的标准程序是去用和式估计它们，因为毕竟积分是一个和的极限，所以这么做是很显然的。因此，假如将平面 S 分成 10 个部分，那么方程（Ⅱ-1）的一个近似式为

$$\sum_{i=1}^{10} \boldsymbol{E}_l\cdot\hat{\boldsymbol{n}}_l\Delta S_l \approx q/\varepsilon_0,$$

这里 $\boldsymbol{E}_l$ 是 $\boldsymbol{E}$ 的值，$\hat{\boldsymbol{n}}_l$ 是第 l 部分上某处的单位法向量。从这去求 $\boldsymbol{E}$ 的希望很少或几乎没有：它是一个含 10 个未知量 $\boldsymbol{E}_1$，$\boldsymbol{E}_2$，…，$\boldsymbol{E}_{10}$ 的方程。此外，即便求出结果也很可能不是非常精确的。为了提高精度，我们可以求 100 项的和而不只是 10 项，得到

$$\sum_{i=1}^{100} \boldsymbol{E}_l\cdot\hat{\boldsymbol{n}}_l\Delta S_l \approx q/\varepsilon_0。$$

这样就精确得多了！但也越来越无希望了，因为它是一个含 100 个未知量的方程。甚至更精确（更无希望）是

$$\iint_S \boldsymbol{E}\hat{\boldsymbol{n}}\mathrm{d}S = q/\varepsilon_0,$$

这是一个有无穷多个未知量的方程。当然，这些未知量是在每一个平面 S㊁上的无数多个点处 $\boldsymbol{E}\cdot\hat{\boldsymbol{n}}$ 的值。

现在已经摆脱了方程（Ⅱ-1）的麻烦：它涉及一整个平面和在无穷多个点处 $\boldsymbol{E}\cdot\hat{\boldsymbol{n}}$ 的值。如果用某种方式我们能解决“在某个单独的点处的通量”（无论它表示什么）而不是通过一个平面的通量，那么可能高理定理会变得容易处理一些。怎样才能做到呢？为了简化问题，让一组同心球壳 S_1，S_2，S_3 等将某个点 P 包围（见图Ⅱ-21），并且计算通过每个球的通量 Φ_1，Φ_2，Φ_3 等。试图去定义“在点 P 处的通量”是以 P 为中心的越来越小的壳的通量的极限值。

㊀ 这些例子在习题Ⅱ-11、Ⅱ-12、Ⅱ-13 中给出。

㊁ 由高斯定理生成的检验出一个点电荷场强的表达式的原因是在那种情况下的对称性证明了许多无穷大的未知元都相同。这使得高斯定理变成一个一元的方程。

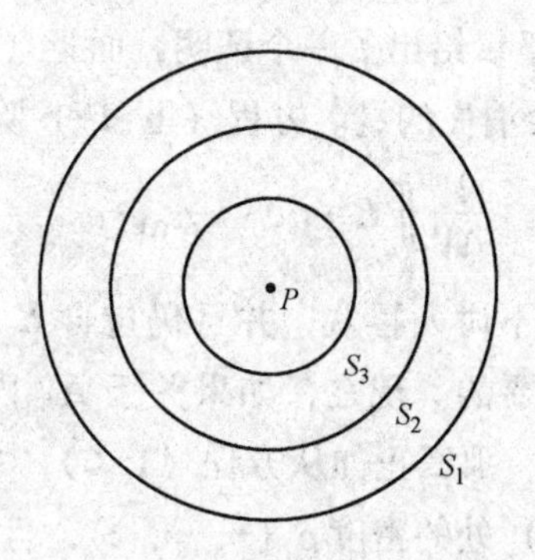

图Ⅱ-21

这听上去不错，有了令人振奋的数学方法来解决它。不幸的是它不起作用，因为（假设电荷密度是处处有限的）一连串的通量按照上面描述的方法计算，在任一点 P 处都接近于0。这很显然，由于平面退化成一个点，通过面的通量趋于0。目的是找到一种方法去确定一点处的通量，并由此了解在那个点处的场，由于无论这场有可能是什么，在任意一点处得到的都是0，显然没能得到想要的结果。

当面退化成一个点通量变成0这个事实，尽管是显然的，但给出一个物理学家的粗线条地证明是有用的，这个证明就如同如何火中取栗。为了这个目的，注意到如果 $\bar{\rho}_{\Delta V}$为体积为 ΔV 的某个区域的电荷平均密度的符号［方程（Ⅰ-5)］，那么在 ΔV 中的全部电荷是 $\bar{\rho}_{\Delta V}\Delta V$。因此，高斯定理［方程（Ⅱ-1)］可以写成

$$\iint_S \boldsymbol{E} \cdot \hat{\boldsymbol{n}} \mathrm{d}S = \bar{\rho}_{\Delta V}\Delta V/\varepsilon_0 \qquad (\text{Ⅱ-15})$$

这里，如图Ⅱ-22所示，面积分取自包围体积 ΔV 的面 S。从这个表达式［方程（Ⅱ-15)］，能看到

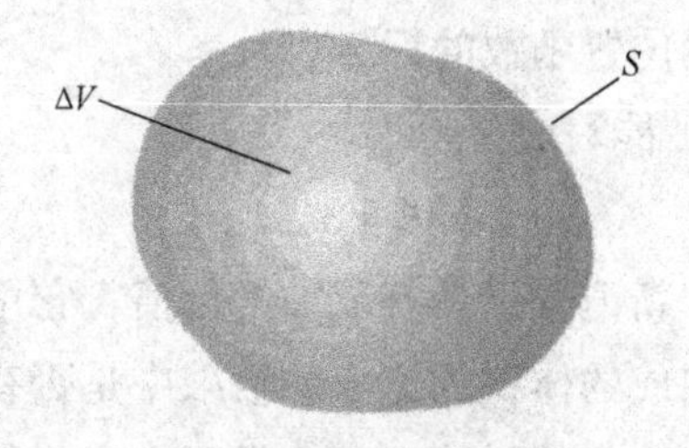

图Ⅱ-22

断言的有效性：当 $S\to 0$，被包围的体积 ΔV 当然一定也趋近于0。因此，通量也

趋于0且断言被证明[⊖]。不仅给出了一个证明，而且（正是在这一点上）现在能分离出一个当$S \to 0$时不会消失的量。方程（Ⅱ-15）除以ΔV，有

$$\frac{1}{\Delta V}\iint_S \boldsymbol{E} \cdot \hat{\boldsymbol{n}} \mathrm{d}S = \bar{\rho}_{\Delta V}/\varepsilon_0 。$$

尽管它可能使用不方便也不讨人喜欢，并且仍包含$\boldsymbol{E}$在整个面上的积分，然而这个表达式却接近于所想要的。现在，如果关于ΔV内坐标为（x，y，z）的某点当S趋向于0时取极限，那么正如从方程（Ⅰ-6）中所看到的那样，平均密度$\bar{\rho}_{\Delta V}$接近于在点（x，y，z）处的密度ρ（x，y，z），且有

$$\lim_{\substack{\Delta V \to 0 \\ \text{关于}(x,y,z)}} \frac{1}{\Delta V}\iint_S \boldsymbol{E} \cdot \hat{\boldsymbol{n}} \mathrm{d}S = \rho(x,y,z)/\varepsilon_0 \qquad (\text{Ⅱ-16})$$

这个表达式看起来很复杂，它是否有任何的实际用途取决于能否把左边的形式努力化简为看上去简单并且至少可以被计算的形式。现在转向这个任务。

散度

考虑任意一个矢量函数$\boldsymbol{F}(x, y, z)$的面积分：

$$\iint_S \boldsymbol{F} \cdot \hat{\boldsymbol{n}} \mathrm{d}S。$$

当在某点处体积缩小趋于0时，我们将研究这个积分与由面S所围成的体积的比值，方程（Ⅱ-16）中出现的就恰恰是这类型的量。由于这个极限非常重要，所以给它取个名字并用专门符号表示。它叫做散度$\boldsymbol{F}$且记为$\mathrm{div}\boldsymbol{F}$。因此，

$$\mathrm{div}\boldsymbol{F} \equiv \lim_{\substack{\Delta V \to 0 \\ \text{关于}(x,y,z)}} \frac{1}{\Delta V}\iint_S \boldsymbol{F} \cdot \hat{\boldsymbol{n}} \mathrm{d}S。 \qquad (\text{Ⅱ-17})$$

显然，这个量是一个标量。此外，通常它在不同的点（x，y，z）有不同的值。因此，矢量函数的散度是位置函数的标量。

现在，方程（Ⅱ-16）能写成

$$\mathrm{div}\boldsymbol{E} = \rho/\varepsilon_0。 \qquad (\text{Ⅱ-18})$$

然而，在这个阶段，这个新记号仅具有装饰的价值，它用来帮助美化一个复杂的方程。关于计算通量与围成的体积的比值的极限中是否有实际用途和能合理简单地将它表示为某种偏导数形式的讨论中，它是否有实际价值也是讨论的关键。然而，在开始计算之前，值得一提的是如果按照专业语言，将方程（Ⅱ-18）解

⊖ 如果这个系统包含点电荷，这样的推理和结论将一定会被改变。

释为场从某点发散，且它如何发散可以说取决于用密度来表示的那些点处电荷的多少。

下一步是寻找上述的矢量函数散度的合理简洁的表达式。因此，考虑一个边长为Δx，Δy，Δz，平行于坐标轴的小长方体㊀。（见图Ⅱ-23）。设小长方体的中心的点的坐标为（x，y，z）。在长方体的表面去计算$\boldsymbol{F}$的面积分，考虑这个积分是六项的和，每一项是长方体的一个平面。从图中标记为S_1的面开始考虑。计算

$$\iint_{S_1} \boldsymbol{F} \cdot \hat{\boldsymbol{n}} \mathrm{d}S$$

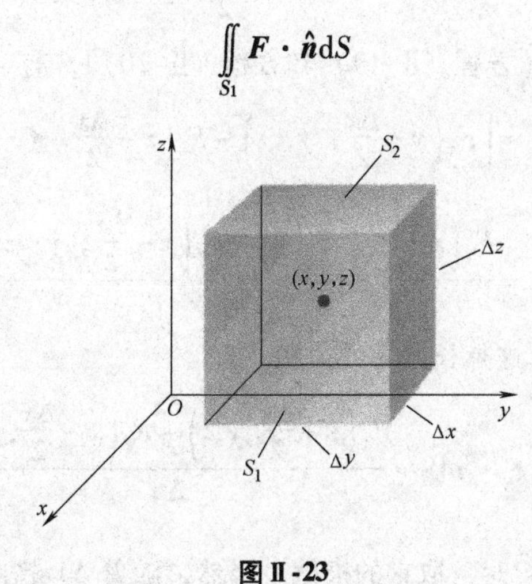

图Ⅱ-23

现在，显然和这个平面垂直且指向所围成体积外部的单位向量是$\boldsymbol{i}$。因此，由于$\boldsymbol{F} \cdot \boldsymbol{i} = F_x$，前述积分化为

$$\iint_{S_1} F_x(x,y,z)\,\mathrm{d}S。$$

由假设，这是个小长方体（最终，当它退缩为0时取极限）。因此，能近似地计算这个积分，在面S_1中心估计F_x乘以这个面的面积㊁。S_1中心的坐标为（$x+\Delta x/2$，y，z），因此，

㊀ 因此，将它看作是“cuboid”，在组成形式上比“rectangular parallelepiped”这个词更节省时间和空间。

㊁ 基本原理如下：由中值定理可知F_x在S_1上的积分等于S_1的面积乘以在S_1上某点处所对应的函数值。由于S_1很小，所以在某一点上计算F_x与在中心点处计算，这两个点是很近的，那么在这两点上计算出的F_x值一定是几乎相同的。因此这是关于积分数值计算的一个好的近似方法。此外，由于正方体退化为0，这两个点变得越来越近以至于这个结论［方程（Ⅱ-22）］取极限后是精确的。

$$\iint_{S_1} F_x(x,y,z)\,\mathrm{d}S \approx F_x\left(x+\frac{\Delta x}{2},y,z\right)\Delta y\Delta z。\tag{Ⅱ-19}$$

同样的推理应用到相对的面 S_2［它向外的法向量是 $-\boldsymbol{i}$ 且中心在（$x-\Delta x/2$，y，z)］，则有

$$\iint_{S_2} \boldsymbol{F}\cdot\hat{\boldsymbol{n}}\mathrm{d}S = -\iint_{S_2} F_x\mathrm{d}S$$

$$\approx -F_x\left(x-\frac{\Delta x}{2},\ y,\ z\right)\Delta y\Delta z。\tag{Ⅱ-20}$$

把这两个面合在一起［方程（Ⅱ-19）和方程（Ⅱ-20)］，有

$$\iint_{S_1+S_2} \boldsymbol{F}\cdot\hat{\boldsymbol{n}}\mathrm{d}S \approx \left[F_x\left(x+\frac{\Delta x}{2},\ y,\ z\right)-F_x\left(x-\frac{\Delta x}{2},\ y,\ z\right)\right]\Delta y\Delta z$$

$$=\frac{F_x\left(x+\frac{\Delta x}{2},\ y,\ z\right)-F_x\left(x-\frac{\Delta x}{2},\ y,\ z\right)}{\Delta x}\Delta x\Delta y\Delta z。$$

注意到 $\Delta x\Delta y\Delta z=\Delta V$，这是长方体的体积，有

$$\frac{1}{\Delta V}\iint_{S_1+S_2} \boldsymbol{F}\cdot\hat{\boldsymbol{n}}\mathrm{d}S \approx \frac{F_x\left(x+\frac{\Delta x}{2},y,z\right)-F_x\left(x-\frac{\Delta x}{2},y,z\right)}{\Delta x}。\tag{Ⅱ-21}$$

现在，当 ΔV 趋向于0[㊀]时，取它的极限。当然，随着 ΔV 趋向于0，长方体的每条边也都趋向于0。因此，方程（Ⅱ-21）的右边能用 $\lim\limits_{\Delta x\to 0}$ 去代替 $\lim\limits_{\Delta V\to 0}$，且在($x$，$y$，$z$)处估计出

$$\lim_{\Delta V\to 0}\frac{1}{\Delta V}\iint_{S_1+S_2} \boldsymbol{F}\cdot\hat{\boldsymbol{n}}\mathrm{d}S = \lim_{\Delta x\to 0}\frac{F_x\left(x+\frac{\Delta x}{2},y,z\right)-F_x\left(x-\frac{\Delta x}{2},y,z\right)}{\Delta x}=\frac{\partial F_x}{\partial x}。$$

这最后一个等式符合偏导数的定义。同样的方法，长方体的另外两组相对的面也可以得到 $\partial F_y/\partial y$ 和 $\partial F_z/\partial z$。因此，

$$\lim_{\Delta V\to 0}\frac{1}{\Delta V}\iint_{S} \boldsymbol{F}\cdot\hat{\boldsymbol{n}}\mathrm{d}S = \frac{\partial F_x}{\partial x}+\frac{\partial F_y}{\partial y}+\frac{\partial F_z}{\partial z}。$$

正如已经提到过的，这个方程左边的极限是散度 $\boldsymbol{F}$［方程（Ⅱ-17)］。因此，我们证得

㊀ 注意对正方体另外四个面的计算放到了次要的位置上。

$$\operatorname{div}\boldsymbol{F}=\frac{\partial F_x}{\partial x}+\frac{\partial F_y}{\partial y}+\frac{\partial F_z}{\partial z}。\quad (\text{Ⅱ-22})$$

由此表明这个结果不依赖于体积的形状（见习题Ⅱ-17）。

使用方程（Ⅱ-22）去求一个矢量函数的散度，是一件很容易的事情，下面来看一个例子。考虑函数

$$\boldsymbol{F}(x,y,z)=\boldsymbol{i}x^2+\boldsymbol{j}xy+\boldsymbol{k}yz。$$

有

$$\frac{\partial F_x}{\partial x}=2x,\ \frac{\partial F_y}{\partial y}=x,\ 且\frac{\partial F_z}{\partial z}=y。$$

因此，

$$\operatorname{div}\boldsymbol{F}=2x+x+y=3x+y。$$

现在，回到静电场，将方程（Ⅱ-18）和方程（Ⅱ-22）合在一起得到

$$\frac{\partial E_x}{\partial x}+\frac{\partial E_y}{\partial y}+\frac{\partial E_z}{\partial z}=\rho/\varepsilon_0。\quad (\text{Ⅱ-23})$$

这个方程比刚开始讨论的方程更具有一般性，是麦克斯韦方程组中的一个，并且它与高斯定理［方程（Ⅱ-1）］是完全等价的。有时它也被称为高斯定律的“微分形式”。

现在，几乎已经实现了目标，因为已经将静电场在一点处的一个性质（即散度）和在那个点处一个已知的量（电荷密度）联系起来。从某种意义上说方程（Ⅱ-23）可被看作一个含三个未知量（E_x，E_y，E_z）的一阶（微分）方程，并且由于这个原因，经常不用这个形式来求电场强度。然而，它证明了 $\boldsymbol{E}$ 的三个分量是可以彼此联系在一起的；当继续研究这种关系时，我们将回到寻找计算 $\boldsymbol{E}$ 的便捷方法这个问题上来。

柱状和球面坐标系下的散度

人们经常将方程（Ⅱ-22）视作矢量函数 $\boldsymbol{F}$ 为散度的定义。虽然，这的确是可以接受的，而我们更愿意用方程（Ⅱ-16）所陈述的通量与体积比值的极限来定义散度。方程（Ⅱ-22）只是取自笛卡儿坐标系下散度的形式。在其他坐标系中，它看起来会十分不同。例如，在柱面坐标系下，函数 $\boldsymbol{F}$ 有三个分量，F_r，F_θ 和 F_z［见图Ⅱ-24a］。为了得到在柱面坐标系下的 $\boldsymbol{F}$

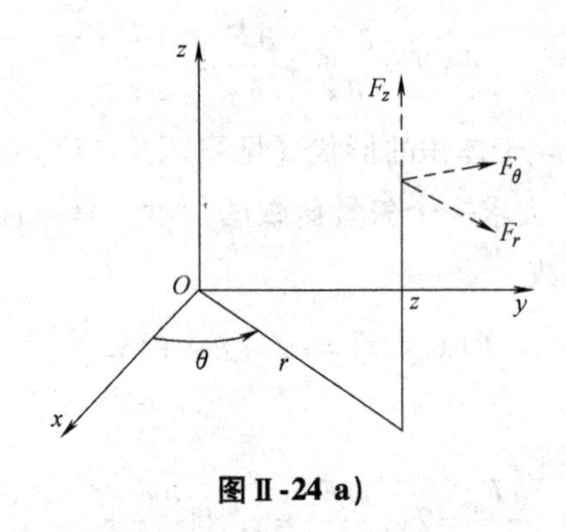

图Ⅱ-24 a)

的散度，考虑如图Ⅱ-24b 所示的圆柱体，它的体积 $\Delta V = r\Delta r\Delta\theta\Delta z$ 且中心在点

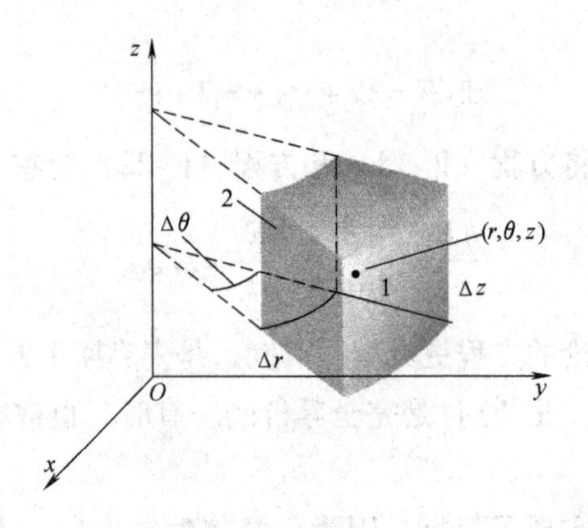

图Ⅱ-24 b)

$(r,\ \theta,\ z)$㊀。通过标记 1 的面的通量是

$$\iint_{S_1} \boldsymbol{F}\cdot\hat{\boldsymbol{n}}\mathrm{d}S = \iint_{S_1} F_r \mathrm{d}S \approx F_r\left(r+\frac{\Delta r}{2},\theta,z\right)\left(r+\frac{\Delta r}{2}\right)\Delta\theta\Delta z,$$

而标记 2 的面的通量是

$$\begin{aligned}\iint_{S_2} \boldsymbol{F}\cdot\hat{\boldsymbol{n}}\mathrm{d}S &= -\iint_{S_2} F_r \mathrm{d}S \\ &\approx -F_r\left(r-\frac{\Delta r}{2},\ \theta,\ z\right)\left(r-\frac{\Delta r}{2}\right)\Delta\theta\Delta z,\end{aligned}$$

把这两个结果相加且除以长方体的体积 ΔV，有

㊀ 注意在笛卡儿坐标系下（如图Ⅱ-23），正方体的每一个面是由形如 $x=$ 常数，$y=$ 常数或 $z=$ 常数这样的方程给出的。用同样的方法，如图Ⅱ-24b 中每一个面是由形如 $r=$ 常数，$\theta=$ 常数或 $z=$ 常数这样的方程给出的

$$\frac{1}{\Delta V}\iint_{S_1+S_2}\boldsymbol{F}\cdot\hat{\boldsymbol{n}}\mathrm{d}S\approx\frac{1}{r\Delta r}\left[\left(r+\frac{\Delta r}{2}\right)F_r\left(r+\frac{\Delta r}{2},\theta,z\right)-\left(r-\frac{\Delta r}{2}\right)F_r\left(r-\frac{\Delta r}{2},\theta,z\right)\right]。$$

当 Δr（也就是 ΔV）趋向于0时的极限为

$$\frac{1}{r}\frac{\partial}{\partial r}(rF_r)。$$

在其他四个面中用类似的方法（见习题Ⅱ-18），最后得到在柱面坐标系下的散度表达式：

$$\mathrm{div}\boldsymbol{F}=\frac{1}{r}\frac{\partial}{\partial r}(rF_r)+\frac{1}{r}\frac{\partial F_\theta}{\partial\theta}+\frac{\partial F_z}{\partial z}。\qquad(Ⅱ\text{-}24)$$

在球面坐标系中，$\boldsymbol{F}$ 的分量是 F_r，F_θ 和 F_ϕ（见图Ⅱ-25），类似地推理可得表达式（见习题Ⅱ-21）

$$\mathrm{div}\boldsymbol{F}=\frac{1}{r^2}\frac{\partial}{\partial r}(r^2F_r)+\frac{1}{r\sin\phi}\frac{\partial}{\partial\phi}(\sin\phi F_\phi)+\frac{1}{r\sin\phi}\frac{\partial F_\theta}{\partial\theta}\qquad(Ⅱ\text{-}25)$$

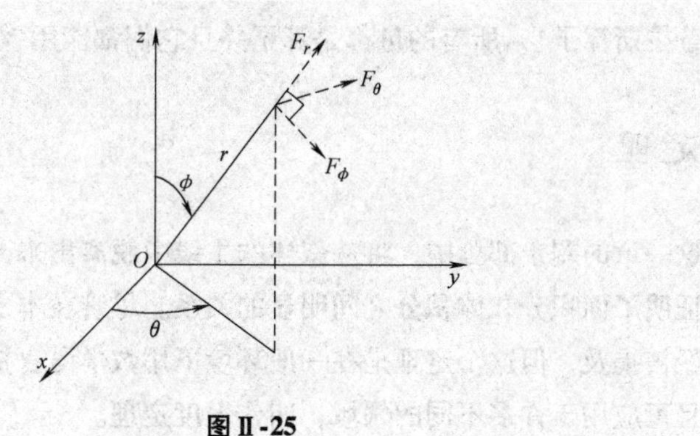

图Ⅱ-25

哈密顿算子

接下来将介绍表示散度的一种特殊记号。如果引进它仅仅是提供另外一种表示散度的方式，那就没什么意义了，我们将会看到的是它在矢量的计算中是非常有用的。

用下面这个方程定义量 ∇(读作 del)：

$$\nabla=\boldsymbol{i}\frac{\partial}{\partial x}+\boldsymbol{j}\frac{\partial}{\partial y}+\boldsymbol{k}\frac{\partial}{\partial z}。$$

如果求 ∇和某个矢量函数 $\boldsymbol{F}=\boldsymbol{i}F_x+\boldsymbol{j}F_y+\boldsymbol{k}F_z$ 的数量积，则有

$$\nabla \cdot \boldsymbol{F} = \left(\boldsymbol{i}\frac{\partial}{\partial x} + \boldsymbol{j}\frac{\partial}{\partial y} + \boldsymbol{k}\frac{\partial}{\partial z}\right) \cdot (\boldsymbol{i}F_x + \boldsymbol{j}F_y + \boldsymbol{k}F_z)$$

$$= \frac{\partial}{\partial x}F_x + \frac{\partial}{\partial y}F_y + \frac{\partial}{\partial z}F_z。$$

现在，将$\partial/\partial x$与F_x的“积”解释为偏导数，即

$$\frac{\partial}{\partial x}F_x \equiv \frac{\partial F_x}{\partial x}。$$

对于另外两个“乘积”$(\partial/\partial y)F_y$和$(\partial/\partial z)F_z$，也有类似的方程。这样的话，可以认为$\nabla \cdot \boldsymbol{F}$（“del 点乘$\boldsymbol{F}$”）与div$\boldsymbol{F}$相同，并且为遵循符号的使用规则，用$\nabla \cdot \boldsymbol{F}$表示散度。因此，方程（Ⅱ-18）和方程（Ⅱ-23）将写成

$$\nabla \cdot \boldsymbol{E} = \rho/\varepsilon_0。$$

数学家将形如∇的符号称为算子。正如已经看到的，当用∇点乘一个矢量函数时，则得到这个函数的散度。在后续的讨论中将引进另外三个量（梯度、旋度和拉普拉斯算子），所有的量都是算子并且它们都能用∇表示。

散度定理

在这一章的剩余部分中，将从叙述的主线中脱离出来，去讨论一个著名的定理，它证明了面积分和体积分之间明显的关系。尽管在本书的静电学部分，这种关系已经被提及，但这个定理是在一般环境下用数学语言描述的。它独立于任何物理学且可应用于许多不同的领域，叫作散度定理。

本书并没有给出散度定理严格的数学证明，像这样的证明在许多高等微积分的书中都可以找到。取而代之的是，本书提供由物理学家给出的另一种简单的证明。为此，考虑一个封闭的面S。将由S所围成的体积V任意地分成N个小体积，每一个如图Ⅱ-26所示（为了简洁画一个立方体）。利用任意矢量函数$\boldsymbol{F}(x, y, z)$通过面S的通量等于通过每个小体积的面的通量的和，我们可以开

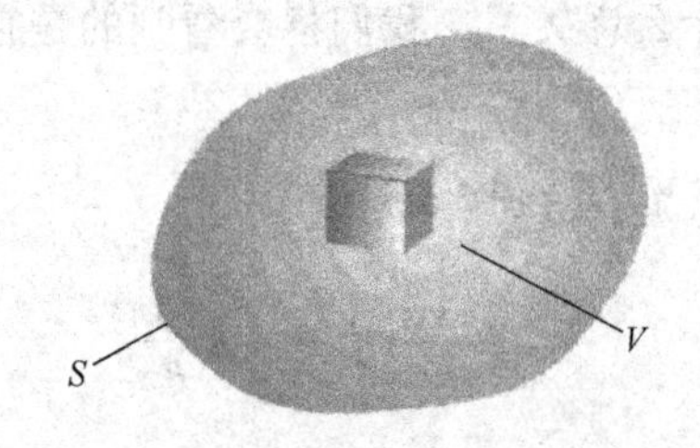

图Ⅱ-26

始证明：

$$\iint_S \boldsymbol{F} \cdot \hat{\boldsymbol{n}} \mathrm{d}S = \sum_{l=1}^{N} \iint_{S_l} \boldsymbol{F} \cdot \hat{\boldsymbol{n}} \mathrm{d}S \tag{Ⅱ-26}$$

这里 S_l 是包围小体积 V_l 的面。为了建立方程（Ⅱ-26），考虑两个相邻的小体积（见图Ⅱ-27）。

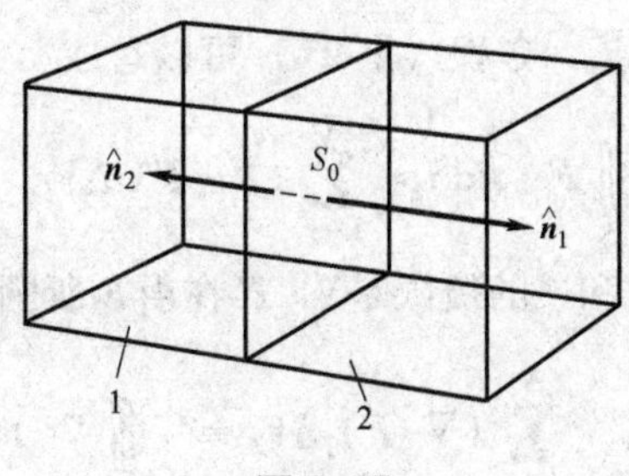

图Ⅱ-27

设它们的公共面为 S_0。如图Ⅱ-27 通过标记为 1 的小立体的通量，当然包括通过 S_0 的，为

$$\iint_{S_0} \boldsymbol{F} \cdot \hat{\boldsymbol{n}}_1 \mathrm{d}S。$$

这里 $\hat{\boldsymbol{n}}_1$ 是一个垂直于面 S_0 的单位向量，并且按照通常的习惯，它从小立体 1 的内部指向外部。通过标记为 2 的小立体的通量也包括来自 S_0 的，为

$$\iint_{S_0} \boldsymbol{F} \cdot \hat{\boldsymbol{n}}_2 \mathrm{d}S。$$

矢量 $\hat{\boldsymbol{n}}_2$ 是一个从小立体 2 的内部指向外部的单位法向量。显然，$\hat{\boldsymbol{n}}_1 = -\hat{\boldsymbol{n}}_2$。因此，在方程（Ⅱ-26）的和式中，有这么一对关系

$$\iint_{S_0} \boldsymbol{F} \cdot \hat{\boldsymbol{n}}_1 \mathrm{d}S + \iint_{S_0} \boldsymbol{F} \cdot \hat{\boldsymbol{n}}_2 \mathrm{d}S = \iint_{S_0} \boldsymbol{F} \cdot \hat{\boldsymbol{n}}_1 \mathrm{d}S - \iint_{S_0} \boldsymbol{F} \cdot \hat{\boldsymbol{n}}_1 \mathrm{d}S = 0。$$

这些量彼此相消，并且面 S_0 它们对方程（Ⅱ-26）中的和式没有贡献。事实上，显然这类抵消的关系将会出现于任何相邻小立体的面。除了部分外部面 S，所有的小体积通常都是两个相邻的小立体。因此，在方程（Ⅱ-26）的和式中仅有的项，即将来自这些小立体面的和相加构成面 S。这证实了方程（Ⅱ-26）的正确性。

现在将方程（Ⅱ-26）重写成下面的形式：

$$\iint_S \boldsymbol{F} \cdot \hat{\boldsymbol{n}} \mathrm{d}S = \sum_{l=1}^{N} \left[\frac{1}{\Delta V_l} \iint_{S_l} \boldsymbol{F} \cdot \hat{\boldsymbol{n}} \mathrm{d}S \right] \Delta V_l\ 。 \tag{Ⅱ-27}$$

显然，由于仅用这个和式的每一项除以面 S_l 所围成的小立体 ΔV_l 之后又乘以 ΔV_l，这并没有改变什么。现在，可以想象将原来的体积 V 分割成大量的越来越小的小体积。换言之，当小的分割部分的数量趋向于无穷多，且每一个 ΔV_l 趋向于0时，取方程（Ⅱ-27）中和式的极限。我们认识到，根据定义方程（Ⅱ-27）中方括号内的量的极限是 $(\nabla\cdot\boldsymbol{F})_l$，即当 ΔV_l 退化为点时，$\boldsymbol{F}$ 在此点处的散度。因此，对于每个很小的 ΔV_l，方程（Ⅱ-27）可以写成

$$\iint_S \boldsymbol{F}\cdot\hat{\boldsymbol{n}}\mathrm{d}S \approx \sum_{l=1}^{N}(\nabla\cdot\boldsymbol{F})_l\Delta V_l。\tag{Ⅱ-28}$$

而且再次根据定义，这个和式的极限是 $\nabla\cdot\boldsymbol{F}$ 在由 S 所围成的体积上的三重积分：

$$\lim_{\substack{N\to\infty\\ 每个\Delta V_l\to 0}}\sum_{l=1}^{N}(\nabla\cdot\boldsymbol{F})_l\Delta V_l \equiv \iiint_V \nabla\cdot\boldsymbol{F}\mathrm{d}V。\tag{Ⅱ-29}$$

把方程（Ⅱ-26）到方程（Ⅱ-29）放到一起，得到的结果是：

$$\iint_S \boldsymbol{F}\cdot\hat{\boldsymbol{n}}\mathrm{d}S = \iiint_V \nabla\cdot\boldsymbol{F}\mathrm{d}V。\tag{Ⅱ-30}$$

这是散度定理。用文字来说，它表示通过某个封闭面的矢量函数的通量等于那个函数在由这个面所围成的体积上的散度的三重积分。

上面给出的证明是不严谨的，主要原因是三重积分是被定义成一个形式为

$$\sum_l g(x_l,y_l,z_l)\Delta V_l$$

的和式的极限，这里函数 g 是已知的。然而，在方程（Ⅱ-27）中，某种意义下，和式中的每一项乘以体积量 ΔV_l 不是一个已知函数。即当 ΔV_l 趋向于0时，在方括号中的量会改变；在取极限时它仅仅被看作是 $\boldsymbol{F}$ 的散度。如果 $\boldsymbol{F}$（即 F_x，F_y，F_z）是连续且可微的，并且在 V 和 S 上它的一阶导数是连续的，一个仔细、严谨的证明将显示方程（Ⅱ-30）是正确的，

现在，举例来说明散度定理。由于太复杂的积分将不适合我们的目的，现在使用一个简单的例子。设

$$\boldsymbol{F}(x,y,z)=\boldsymbol{i}x+\boldsymbol{j}y+\boldsymbol{k}z$$

且选取面 S 如图Ⅱ-28 所示，它由半径为 1 的半球壳和 xOy 平面上由单位圆所围成的区域 R 所构成。在半球上，有 $\hat{\boldsymbol{n}}=\boldsymbol{i}x+\boldsymbol{j}y+\boldsymbol{k}z$，故 $\hat{\boldsymbol{n}}\cdot\boldsymbol{F}=x^2+y^2+z^2=1$。因此，在这个半球上，

$$\iint \boldsymbol{F}\cdot\hat{\boldsymbol{n}}\mathrm{d}S=\iint \mathrm{d}S=2\pi,$$

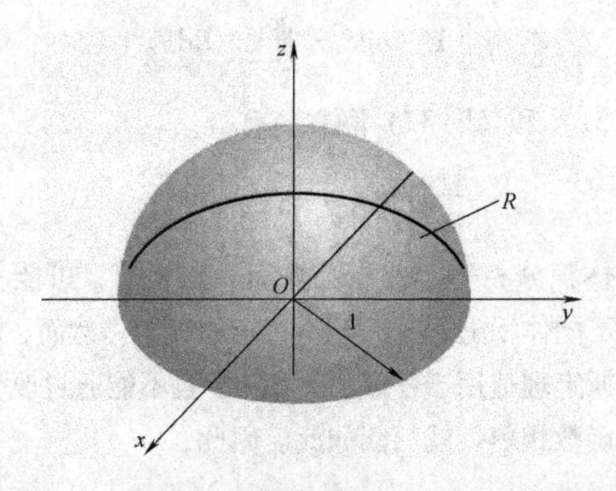

图Ⅱ-28

这里上一个等式遵循了这样一个事实：积分仅仅是单位半球的表面积。在区域 R 上，有 $\hat{\boldsymbol{n}}=-\boldsymbol{k}$，故 $\hat{\boldsymbol{n}}\cdot\boldsymbol{F}=-z$。因此，在 R 上，

$$\iint \boldsymbol{F}\cdot\hat{\boldsymbol{n}}\mathrm{d}S=-\iint z\mathrm{d}x\mathrm{d}y=0$$

因为在 R 的每一处 $z=0$。因此，对来自于圆形区域的面积分是没有贡献的，且

$$\iint_S \boldsymbol{F}\cdot\hat{\boldsymbol{n}}\mathrm{d}S=2\pi。$$

下面通过计算有 $\nabla\cdot\boldsymbol{F}=3$。那么

$$\iiint_V \nabla\cdot\boldsymbol{F}\mathrm{d}V=3\iiint_V \mathrm{d}V=3\frac{2\pi}{3}=2\pi,$$

这里利用了单位半球的体积是 $2\pi/3$。由于面积分和体积分是相等的，这样就证明了方程（Ⅱ-30）。

散度定理的两个简单应用

作为散度定理应用的一个例子，我们给出方程（Ⅱ-18）的替代推导，用散度定理去分析它。换言之，如果已经知道散度定理再去学习方程（Ⅱ-18），那会是多么简单！

从形式为

$$\iint_S \boldsymbol{E}\cdot\hat{\boldsymbol{n}}\mathrm{d}S=\frac{1}{\varepsilon_0}\iiint_V \rho\mathrm{d}V \qquad (Ⅱ\text{-}31)$$

的高斯定理开始。下面将散度定理应用到上面方程的面积分中，得到

$$\iint_S \boldsymbol{E} \cdot \hat{\boldsymbol{n}} \mathrm{d}S = \iiint_V \nabla \cdot \boldsymbol{E} \mathrm{d}V。 \quad (\text{Ⅱ-32})$$

因此，将方程（Ⅱ-31）和（Ⅱ-32）联立，有

$$\frac{1}{\varepsilon_0} \iiint_V \rho \mathrm{d}V = \iiint_V \nabla \cdot \boldsymbol{E} \mathrm{d}V。$$

一般地，如果两个体积分相等，被积函数不一定相等，可能仅在特殊的体积 V 上的积分相等，在不同体积上积分，就不一定相等了。然而，在这个例子中，它不是真的，因为高斯定理适用于任意的体积 V，且不能通过改变体积来改变它们相等。但如果被积函数相等，就只能如此。因此，

$$\nabla \cdot \boldsymbol{E} = \rho / \varepsilon_0,$$

这看上去很熟悉！

接下来是另一个关于散度定理应用的例子。假设在空间的某个区域内，“东西”（物质、电荷等）是在运动的。如图Ⅱ-29 所示，设在任意点（x，y，z）处和任意时刻 t，这个东西的密度是

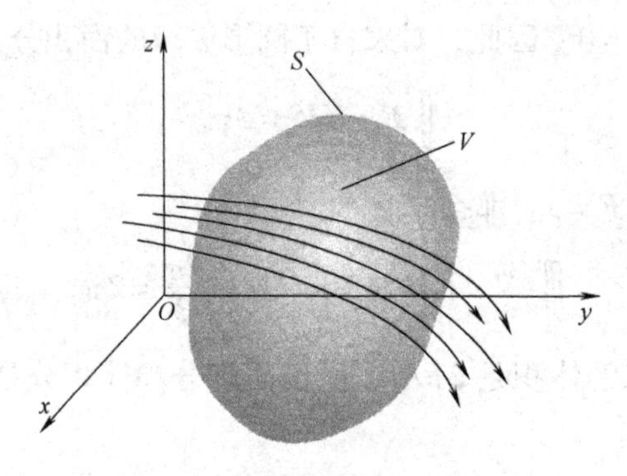

图Ⅱ-29

ρ（x，y，z，t）且设它的速度为 v（x，y，z，t）。此外，假设这个东西是守恒的，即它既不能被创造也不能被毁掉。对于在空间中的某个任意体积 V，我们问：随着这个体积中物质数量的改变速度是多少呢？任意时刻 t，在 V 中物质的数量是

$$\iiint_V \rho(x,y,z,t) \mathrm{d}V,$$

且它的瞬时速度是

$$\frac{\mathrm{d}}{\mathrm{d}t} \iiint_V \rho(x,y,z,t) \mathrm{d}V = \iiint_V \frac{\partial \rho}{\partial t} \mathrm{d}V。$$

（为了将微分移到积分号的下面，假设 $\partial\rho/\partial t$ 是连续的。）

下面，回忆一下之前介绍的内容，物质流过一个面 S 的速度是

$$\iint_S \rho \boldsymbol{v} \cdot \hat{\boldsymbol{n}} \mathrm{d}S。$$

那么，断定在 V 中不断变化的物质的量的速度等于它流过封闭曲面 S 的速度。通过以上论述得到方程

$$\iiint_V \frac{\partial \rho}{\partial t} \mathrm{d}V = -\iint_S \rho \boldsymbol{v} \cdot \hat{\boldsymbol{n}} \mathrm{d}S。$$

关于需要讨论的方程有两个特征：

1. 一定包含负号，因为在面积分中从体积净流出的定义为正，但是净流出意味着在体积中物质的数量在减少。

2. 这个方程说明在 V 中物质的数量的改变，仅仅是物质流过 S 边界的结果。如果在 V 中物质被增加或减少，一定会在方程中包含一些项来反映这个事实。因此，任何项的缺少就是保护这种物质的一种表达。

最后，应用散度定理。发现

$$\iint_S \rho \boldsymbol{v} \cdot \hat{\boldsymbol{n}} \mathrm{d}S = \iiint_V \nabla \cdot (\rho \boldsymbol{v}) \mathrm{d}V。$$

因此，

$$\iiint_V \frac{\partial \rho}{\partial t} \mathrm{d}V = -\iiint_V \nabla \cdot (\rho \boldsymbol{v}) \mathrm{d}V。$$

正如上面所讨论的 V 是任意一个体积，那么

$$\frac{\partial \rho}{\partial t} = -\nabla \cdot (\rho \boldsymbol{v})。 \tag{Ⅱ-33}$$

通常定义电流密度 $\boldsymbol{J} = \rho \boldsymbol{v}$ 且将方程（Ⅱ-31）写成

$$\frac{\partial \rho}{\partial t} + \nabla \cdot \boldsymbol{J} = 0。$$

这种形式的方程是一个连续方程，并且正如已经看到的，它是一个守恒定律的表达式（见习题Ⅲ-20、Ⅲ-21 和Ⅳ-21）。除了在静电场理论中扮演一个重要的角色，它在流体力学和混沌理论中都是基础方程。最后，类似于那些导致连续方程因素的考虑被包含在热流量分析中。

习题Ⅱ

Ⅱ-1　求下列每个面的单位法向量 $\hat{\boldsymbol{n}}$。

(a)$z=2-x-y$　　(d)$z=x^2+y^2$

(b)$z=(x^2+y^2)^{1/2}$　　(e)$z=(1-x^2/a^2-y^2/a^2)^{1/2}$

(c)$z=(1-x^2)^{1/2}$

Ⅱ-2　(a) 证明与平面 $ax+by+cz=d$ 垂直的单位法向量是

$$\hat{\boldsymbol{n}}=\pm(\boldsymbol{i}a+\boldsymbol{j}b+\boldsymbol{k}c)/(a^2+b^2+c^2)^{1/2}$$

(b) 从几何上解释为什么 $\hat{\boldsymbol{n}}$ 的表达式与常数 d 无关。

Ⅱ-3　推导由 $y=g(x,z)$ 和 $x=h(y,z)$ 所给出的面的单位法向量的表达式。分别使用这两个表达式去重新推导与习题Ⅱ-2 中所给出的平面垂直的表达式。

Ⅱ-4　在下列每种情况中应用方程（Ⅱ-12）去估算面积分 $\iint\limits_S G(x,y,z)\mathrm{d}S$。

(a) $G(x,y,z)=z$，这里 S 是平面 $x+y+z=1$ 在第一象限的部分。

(b) $G(x,y,z)=\dfrac{1}{1+4(x^2+y^2)}$，这里 S 是抛物面 $z=x^2+y^2$ 在 $z=0$ 和 $z=1$ 之间的部分。

(c) $G(x,y,z)=(1-x^2-y^2)^{3/2}$，这里 S 是半球 $z=(1-x^2-y^2)^{1/2}$。

Ⅱ-5　在下列每种情况中应用方程Ⅱ-13 去估算面积分 $\iint\limits_S \boldsymbol{F}\cdot\boldsymbol{n}\mathrm{d}S$。

(a) $\boldsymbol{F}(x,y,z)=\boldsymbol{i}x-\boldsymbol{k}z$，这里 S 是平面 $x+y+2z=2$ 在第一象限的部分。

(b) $\boldsymbol{F}(x,y,z)=\boldsymbol{i}x+\boldsymbol{j}y+\boldsymbol{k}z$，这里 S 是半球 $z=\sqrt{a^2-x^2-y^2}$。

(c) $\boldsymbol{F}(x,y,z)=\boldsymbol{j}y+\boldsymbol{k}$，这里 S 是抛物面 $z=1-x^2-y^2$ 在 xOy 平面上方的部分。

Ⅱ-6　在半球壳

$$z=(R^2-x^2-y^2)^{1/2}$$

上质量的分布是

$$\sigma(x,y,z)=(\sigma_0/R^2)(x^2+y^2)$$

这里 σ_0 是一个常数。写出以 σ_0 和 R 表示球壳总质量的表达式。

Ⅱ-7　求习题Ⅱ-6 中半球壳关于 z 轴的转动惯量。

Ⅱ-8　静电场 $\boldsymbol{E}=\lambda(\boldsymbol{i}yz+\boldsymbol{j}xz+\boldsymbol{k}xy)$，其中 λ 是一个常数。应用高斯定理求由图中所示的面所围成的全部电荷，它包括 S_1，半球 $z=(R^2-x^2-y^2)^{1/2}$ 和 S_2，它圆形的底面在 xOy 平面上。

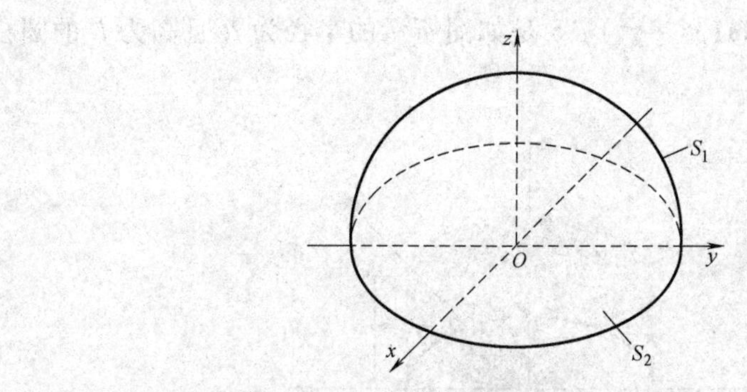

Ⅱ-9　静电场 $\boldsymbol{E}=\lambda(\boldsymbol{i}x+\boldsymbol{j}y)$，这里 λ 是一个常数。应用高斯定理求由图中所示的面所围成的全部电荷，它包括 S_1，高为 h 的半圆柱 $z=(r^2-y^2)^{1/2}$ 的曲面部分；S_2 和 S_3，两个半圆面；S_4，在 xOy 平面上的长方形部分。利用 $\boldsymbol{\lambda}$，r 和 h 来表示结果。

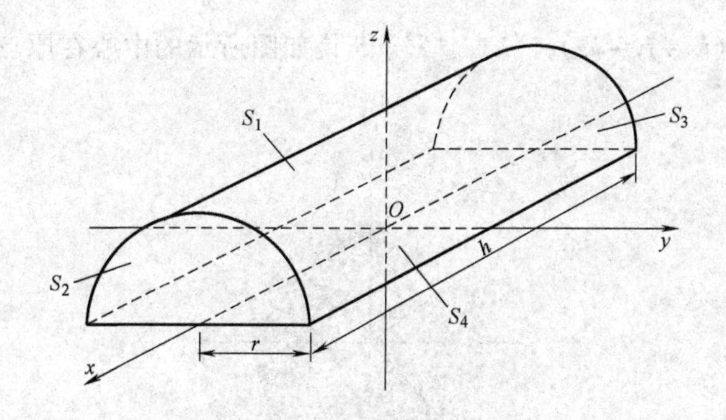

Ⅱ-10　有时面积分不需用课本中所陈述的繁琐过程来计算。试着在下面不同的条件下计算 $\iint\limits_S \boldsymbol{F}\cdot\hat{\boldsymbol{n}}\mathrm{d}S$。考虑一下能不能有更简单的方法！

（a）$\boldsymbol{F}=\boldsymbol{i}x+\boldsymbol{j}y+\boldsymbol{k}z$。$S$ 是如图所示的边长为 b 的三个正方形。

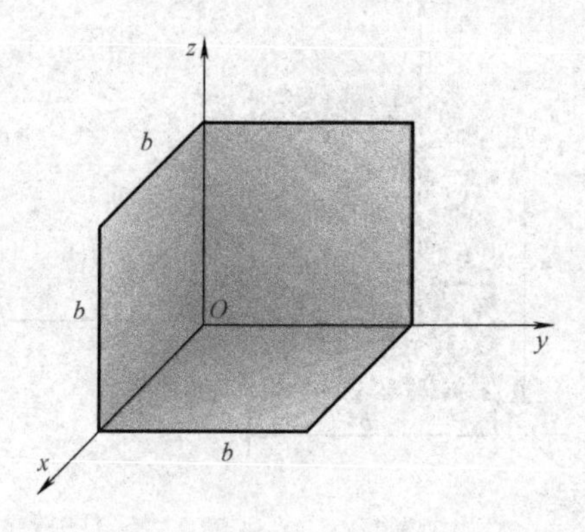

（b）$\boldsymbol{F}=(\boldsymbol{i}x+\boldsymbol{j}y)\ln(x^2+y^2)$。$S$ 是如图所示的半径为 R 且高为 h 的圆柱（包括上下底面）。

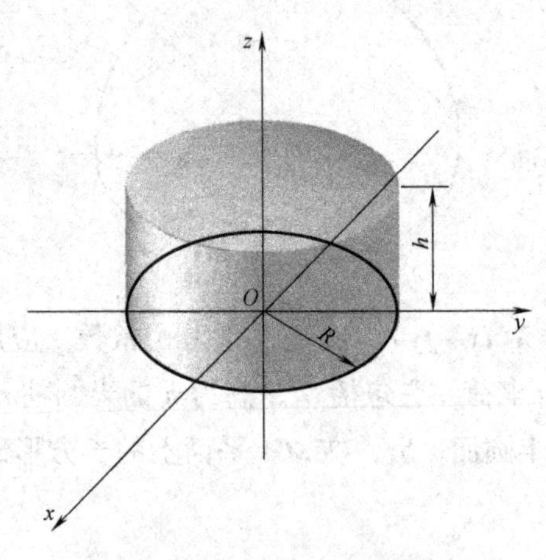

（c）$\boldsymbol{F}=(\boldsymbol{i}x+\boldsymbol{j}y+\boldsymbol{k}z)\mathrm{e}^{-(x^2+y^2+z^2)}$。$S$ 是如图所示的中心在原点半径为 R 的球面。

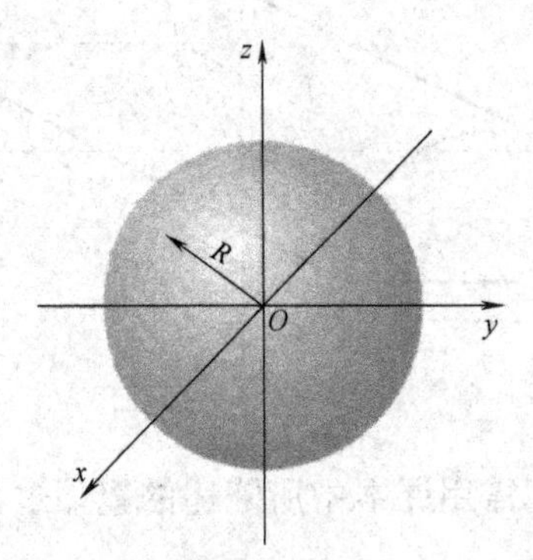

（d）$\boldsymbol{F}=\boldsymbol{i}E(x)$，这里 $E(x)$ 是关于 x 的一个任意标量函数。S 是如图所示的边长为 b 的立方体的表面。

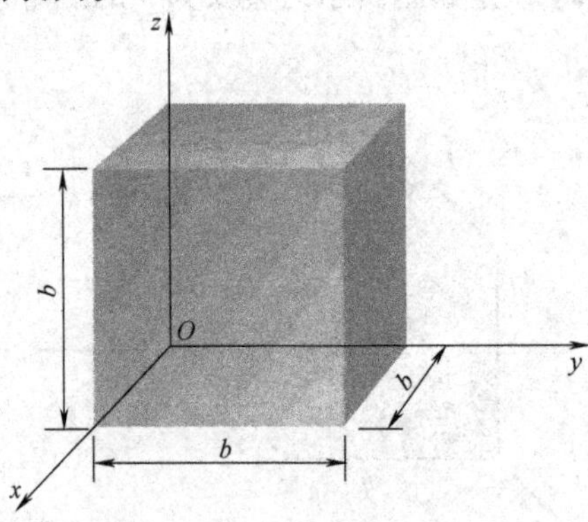

Ⅱ-11（a）对于无限均匀面电荷应用高斯定理和对称性求出电场强度作为位置函数。设电荷位于 xOy 平面，用符号 σ 表示单位面积的电荷量。

（b）对于一个平行于 xOy 平面的无限大块的电荷重复问题（a），它的密度为

$$\rho(x)=\begin{cases}\rho_0, & -b<x<b\\ 0, & |x|\geqslant b\end{cases}$$

这里 ρ_0 和 b 是常数。

（c）对于 $\rho(x)=\rho_0 e^{-|x/b|}$，重复问题（b）。

Ⅱ-12（a）对于无限长线电荷应用高斯定理和对称性求出电场强度作为位置函数。设电荷沿着 z 轴方向且每个单位长度的电荷表示为 λ。

（b）对于一个无限大的圆柱型电荷重复问题（a），它的轴与 z 轴平行且方向相同，在柱面坐标系下它的密度为

$$\rho(r)=\begin{cases}\rho_0, & r<b,\\ 0, & r\geqslant b,\end{cases}$$

这里 ρ_0 和 b 是常数。

（c）对于 $\rho(r)=\rho_0 e^{-r/b}$，重复问题（b）。

Ⅱ-13（a）对于球形对称分布的电荷应用高斯定理和对称性求出电场强度作为位置函数，在球面坐标系下它的密度为

$$\rho(r)=\begin{cases}\rho_0, & r<b,\\ 0, & r\geqslant b,\end{cases}$$

这里 ρ_0 和 b 是常数。

（b）对于 $\rho(r)=\rho_0 e^{-r/b}$，重复问题（a）。

（c）对于

$$\rho(r)=\begin{cases}\rho_0, & r<b,\\ \rho_1, & b\leqslant r<2b,\\ 0, & r\geqslant 2b,\end{cases}$$

重复问题（a），当 $r>2b$ 时，ρ_0 和 ρ_1 有怎样的关系使得电场强度是 0？在这种情况下，这种分布的全部电荷是多少？

Ⅱ-14　利用方程（Ⅱ-22）计算下列每个函数的散度。

（a）$\boldsymbol{i}x^2+\boldsymbol{j}y^2+\boldsymbol{k}z^2$

（b）$\boldsymbol{i}yz+\boldsymbol{j}xz+\boldsymbol{k}xy$

（c）$\boldsymbol{i}e^{-x}+\boldsymbol{j}e^{-y}+\boldsymbol{k}e^{-z}$

(d) $\boldsymbol{i}-3\boldsymbol{j}+\boldsymbol{k}z^2$

(e) $(-\boldsymbol{i}xy+\boldsymbol{j}x^2)/(x^2+y^2)$，$(x,\ y)\neq(0,\ 0)$

(f) $\boldsymbol{k}\sqrt{x^2+y^2}$

(g) $\boldsymbol{i}x+\boldsymbol{j}y+\boldsymbol{k}z$

(h) $(-\boldsymbol{i}y+\boldsymbol{j}x)/\sqrt{x^2+y^2}$，$(x,\ y)\neq(0,\ 0)$

Ⅱ-15 (a) 对于习题Ⅱ-14 (a) 中的函数在一个边长为 s，中心在点 $(x_0,\ y_0,\ z_0)$ 处，且平行于坐标平面的立方体的表面上计算 $\iint_S \boldsymbol{F}\cdot\hat{\boldsymbol{n}}\mathrm{d}S$。

(b) 用上面的结果除以立方体的体积并且计算当 $s\to 0$ 时这个商的极限。将你的结果与习题Ⅱ-14 (a) 中求出的散度进行比较。

(c) 对于习题Ⅱ-14 (b) 和 (c) 的函数重复问题 (a) 和 (b)。

Ⅱ-16 (a) 计算函数

$$\boldsymbol{F}(x,y,z)=\boldsymbol{i}f(x)+\boldsymbol{j}f(y)+\boldsymbol{k}f(-2z)$$

的散度并且证明在点 $(c,\ c,\ -c/2)$ 处的值为0。

(b) 计算

$$\boldsymbol{G}(x,y,z)=\boldsymbol{i}f(y,z)+\boldsymbol{j}g(x,z)+\boldsymbol{k}h(x,y)$$

的散度。

Ⅱ-17 在本书中，我们通过在一个小长方体表面上进行积分得到的结果为

$$\nabla\cdot\boldsymbol{F}=\frac{\partial F_x}{\partial x}+\frac{\partial F_y}{\partial y}+\frac{\partial F_z}{\partial z}$$

举一个例子，这个结果与积分面无关，利用如图所示的棱柱形表面重新推导。

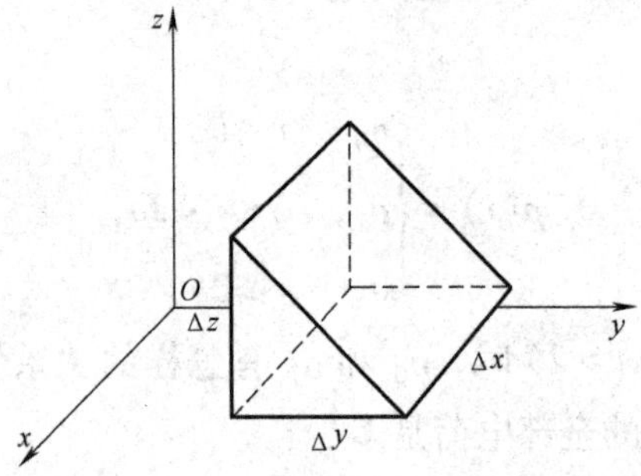

Ⅱ-18 (a) 设 $\boldsymbol{i}$，$\boldsymbol{j}$ 和 $\boldsymbol{k}$ 是笛卡儿坐标系下的单位向量，且 $\hat{\boldsymbol{e}}_r$，$\hat{\boldsymbol{e}}_\theta$ 和 $\hat{\boldsymbol{e}}_z$ 是柱面坐标系下的单位向量。

证明 $\boldsymbol{i}=\hat{\boldsymbol{e}}_r\cos\theta-\hat{\boldsymbol{e}}_\theta\sin\theta$，

$\boldsymbol{j}=\hat{\boldsymbol{e}}_r\sin\theta+\hat{\boldsymbol{e}}_\theta\cos\theta$，

$\boldsymbol{k}=\hat{\boldsymbol{e}}_z$。

(b) 利用方程（Ⅱ-24）重写习题Ⅱ-14（e）这个函数在柱面坐标系下的表达式并计算其散度。把结果再用笛卡儿坐标系表示，然后与习题Ⅱ-14（e）的结果相比较。

Ⅱ-19 (a) 设 $\boldsymbol{i}$，$\boldsymbol{j}$ 和 $\boldsymbol{k}$ 是笛卡儿坐标系下的单位向量，且 $\hat{\boldsymbol{e}}_r$，$\hat{\boldsymbol{e}}_\theta$ 和 $\hat{\boldsymbol{e}}_\Phi$ 是球面坐标系下的单位向量。

证明 $\boldsymbol{i}=\hat{\boldsymbol{e}}_r\sin\Phi\cos\theta+\hat{\boldsymbol{e}}_\Phi\cos\Phi\cos\theta-\hat{\boldsymbol{e}}_\theta\sin\theta$，

$\boldsymbol{j}=\hat{\boldsymbol{e}}_r\sin\Phi\sin\theta+\hat{\boldsymbol{e}}_\Phi\cos\Phi\sin\theta+\hat{\boldsymbol{e}}_\theta\cos\theta$，

$\boldsymbol{k}=\hat{\boldsymbol{e}}_r\cos\Phi-\hat{\boldsymbol{e}}_\Phi\sin\Phi$。

[提示：利用 $\boldsymbol{i}$，$\boldsymbol{j}$ 和 $\boldsymbol{k}$ 来表示 $\hat{\boldsymbol{e}}_r$，$\hat{\boldsymbol{e}}_\theta$ 和 $\hat{\boldsymbol{e}}_\Phi$ 较简单且用代数法来解 $\boldsymbol{i}$，$\boldsymbol{j}$ 和 $\boldsymbol{k}$。首先应用公式 $\hat{\boldsymbol{e}}_r=\boldsymbol{r}/r=(\boldsymbol{i}x+\boldsymbol{j}y+\boldsymbol{k}z)/r$。然后，用几何推理证得 $\hat{\boldsymbol{e}}_\theta=-\boldsymbol{i}\sin\theta+\boldsymbol{j}\cos\theta$。最后，计算 $\hat{\boldsymbol{e}}_\Phi=\hat{\boldsymbol{e}}_\theta\times\hat{\boldsymbol{e}}_r$。]

(b) 在球面坐标系下重写习题Ⅱ-14（g）这个函数的表达式并且应用方程（Ⅱ-25）计算它的散度。将结果再用笛卡儿坐标系表示，并且与习题Ⅱ-14（g）中的结果相比较。

Ⅱ-20　在柱面坐标系下 $\boldsymbol{F}$ 的散度为

$$\nabla\cdot\boldsymbol{F}=\frac{1}{r}\frac{\partial}{\partial r}(rF_r)+\frac{1}{r}\frac{\partial F_\theta}{\partial\theta}+\frac{\partial F_Z}{\partial z}$$

在本书中（第32-33页）已经推导了这个表达式的第一项。请利用同样的方法推导另外两项。

Ⅱ-21　重复习题Ⅱ-20的问题，利用计算在如图所示的体积表面上的积分来得到在球面坐标系下的散度，并且得到表达式

$$\nabla\cdot\boldsymbol{F}=\frac{1}{r^2}\frac{\partial}{\partial r}(r^2F_r)+\frac{1}{r\sin\Phi}\frac{\partial}{\partial\Phi}(\sin\Phi F_\phi)+\frac{1}{r\sin\Phi}\frac{\partial F_\theta}{\partial\theta}$$

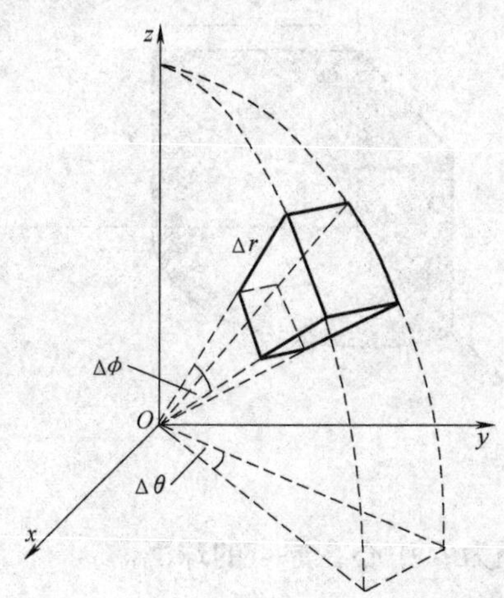

Ⅱ-22　考虑一个矢量函数

$$\boldsymbol{F}(r)=\hat{\boldsymbol{e}}_r f(r),$$

这里 $\hat{\boldsymbol{e}}_r=(\boldsymbol{i}x+\boldsymbol{j}y+\boldsymbol{k}z)/r$ 是一个矢径方向上的单位向量，$r=(x^2+y^2+z^2)^{1/2}$，且 $f(r)$ 是一个可微的标量函数。利用习题Ⅱ-21 的结果，确定 $f(r)$ 使得 $\nabla\cdot\boldsymbol{F}=0$。散度是 0 的一个矢量函数被称为无散。

Ⅱ-23　在下列每种情况下证明散度定理

$$\iint_S \boldsymbol{F}\cdot\hat{\boldsymbol{n}}\mathrm{d}S=\iiint_V \nabla\cdot\boldsymbol{F}\mathrm{d}V$$

（a）$\boldsymbol{F}=\boldsymbol{i}x+\boldsymbol{j}y+\boldsymbol{k}z$。

S 是如图所示的边长为 b 的立方体表面。

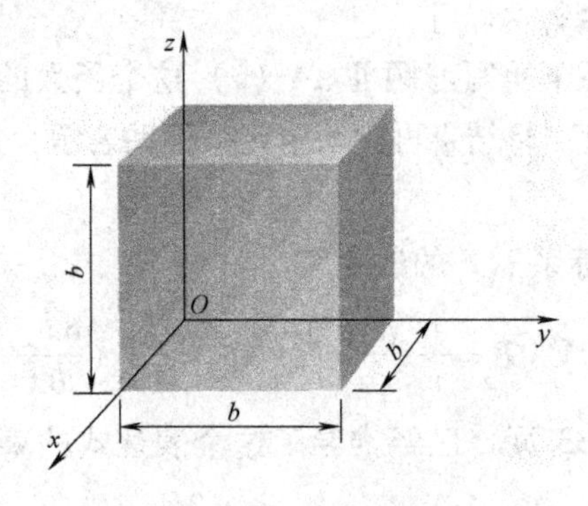

（b）$\boldsymbol{F}=\hat{\boldsymbol{e}}_r r+\hat{\boldsymbol{e}}_z z$，

$\boldsymbol{r}=\boldsymbol{i}x+\boldsymbol{j}y$。

S 是如图所示的 1/4 圆柱体（半径为 R，高为 h）的表面。

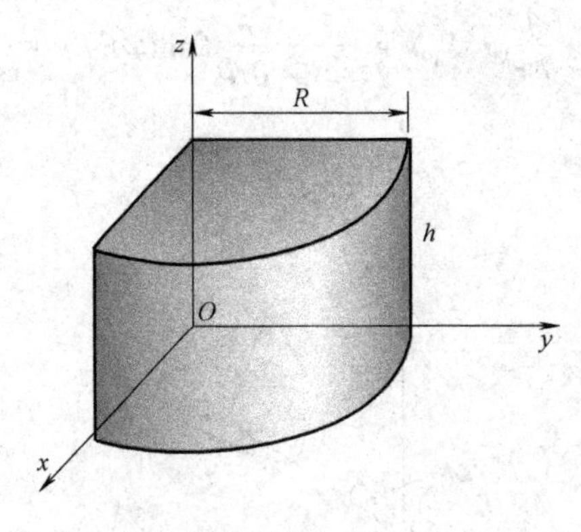

（c）$\boldsymbol{F}=\hat{\boldsymbol{e}}_r r^2$，

$\boldsymbol{r}=\boldsymbol{i}x+\boldsymbol{j}y+\boldsymbol{k}z$。

S 是如图所示的半径为 R 中心在原点的球面。

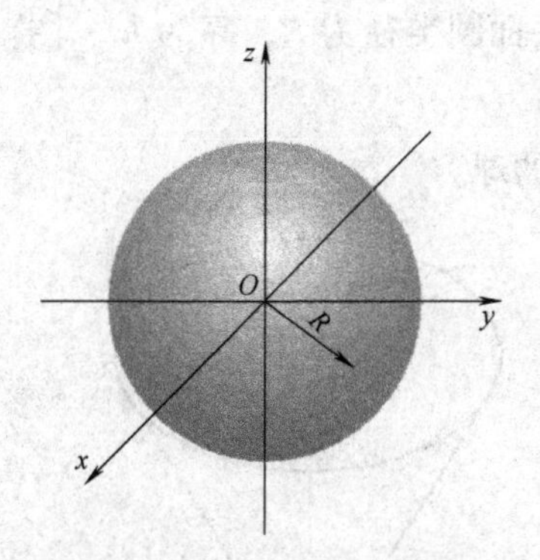

Ⅱ-24　(a) 麦克斯韦方程中的一个证明了 $\nabla \cdot \boldsymbol{B}=0$，这里 $\boldsymbol{B}$ 是任意磁场。对于任意的封闭曲面 S，证明

$$\iint_S \boldsymbol{B} \cdot \hat{\boldsymbol{n}} \mathrm{d}S=0。$$

(b) 确定通过一个圆锥体（半径为 R，高为 h）曲面的匀强磁场 B 的磁通量，它的位置是使得 B 和如图所示的圆锥的底面垂直。(一个均匀的场在每一处具有相同的大小和方向。)

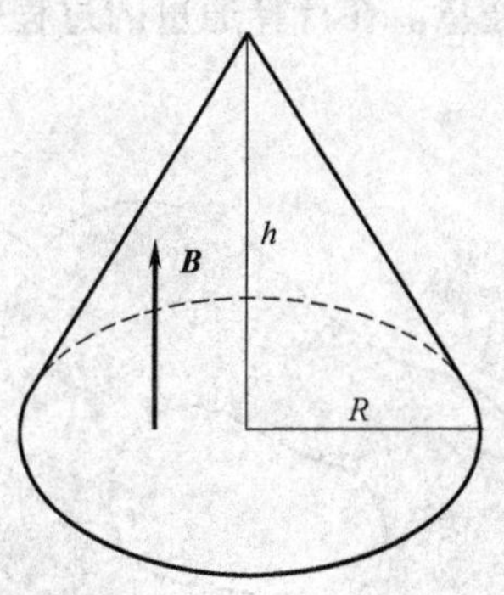

Ⅱ-25　应用散度定理去证明

$$\iint_S \hat{\boldsymbol{n}} \mathrm{d}S=0。$$

这里 S 是一个封闭的面且 $\hat{\boldsymbol{n}}$ 是与面 S 垂直的单位向量。

Ⅱ-26　(a) 应用散度定理去证明

$$\frac{1}{3} \iint_S \hat{\boldsymbol{n}} \cdot \boldsymbol{r} \mathrm{d}S=V,$$

这里 S 是包围体积 V 的封闭面，$\hat{\boldsymbol{n}}$ 是与面 S 垂直的单位向量，且 $\boldsymbol{r}=\boldsymbol{i}x+\boldsymbol{j}y+\boldsymbol{k}z$。

(b) 应用 (a) 中给出的表达式计算体积：

(i) 一个边长为 a，b，c 的长方体。

（ii）一个圆锥体，底面圆半径为 R，高为 h。［提示：用如图所示的圆锥，这个计算会非常简单。］

（iii）一个半径为 R 的球。

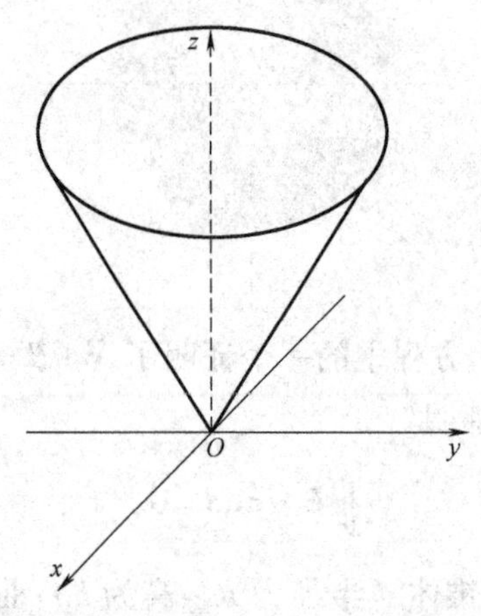

Ⅱ-27 （a）考虑具有这样性质的一个矢量函数：它在两个封闭平面 S_1 和 S_2 及由它们所围成的体积 V（见图）的每一处都有 $\nabla\cdot\boldsymbol{F}=0$。证明通过 S_1 的 $\boldsymbol{F}$ 的通量等于通过 S_2 的 $\boldsymbol{F}$ 的通量。在计算通量的过程中，选择法向量的方向为图中箭头的方向。

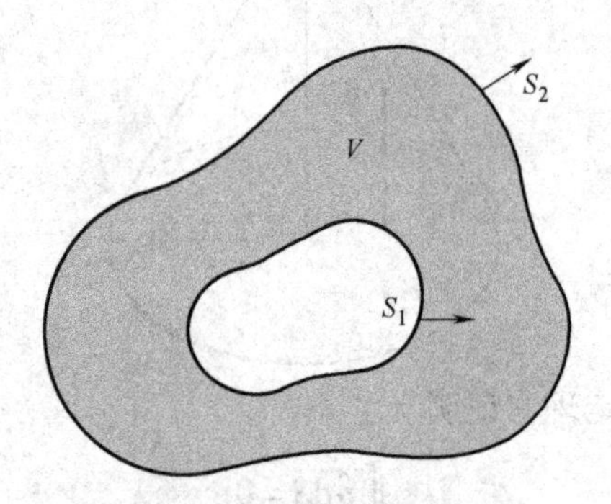

（b）在 $r=0$ 处点电荷 q 的电场强度为

$$\boldsymbol{E}=\frac{1}{4\pi\varepsilon_0}\frac{q}{r^2}\hat{\boldsymbol{e}}_r,$$

这里 $r^2=x^2+y^2+z^2$，证明对于所有的 $r\neq 0$，有 $\nabla\cdot\boldsymbol{E}=0$。

（c）用（b）中给出的单独点电荷的电场，证明高斯定理。［提示：很容易计算出 $\boldsymbol{E}$ 关于中心在 $r=0$ 处的球上的通量。］

（d）你怎样才能把这个证明推广到任意电荷分布的情况？

Ⅱ-28　(a) 通过直接计算证明散度定理不适用于

$$\boldsymbol{F}(r,\theta,\Phi)=\frac{\hat{\boldsymbol{e}}_r}{r^2},$$

这里 S 是一个中心在原点半径是 R 的球面，而 V 是封闭的体积。为什么这个定理不适用呢？

(b) 通过直接计算证明散度定理适用于 (a) 中函数 F，当 S 是半径为 R_1 的球面 S_1 与半径为 R_2 的球面 S_2 之和，其中这两个球的中心都在原点，而 V 是由 S_1 和 S_2 所围成的体积。

(c) 一般地，为了使散度定理能适用于 (a) 中的函数，应对面 S 有怎样的限制条件呢？

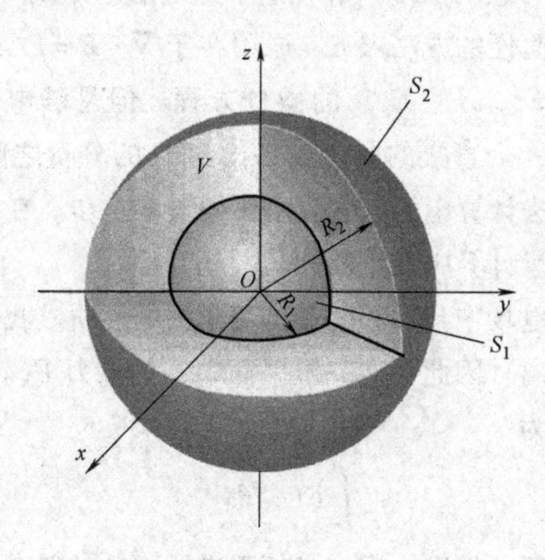

第Ⅲ章　线积分和旋度

功和线积分

前面提到的高斯定理的微分形式方程（Ⅱ-18）和方程（Ⅱ-23），尽管它将某一点处电场的性质（它的散度）和在这个点处的已知量（电荷密度）相联系，然而它没有提供一种简便的方法求 $\boldsymbol{E}$。原因在于 $\nabla \cdot \boldsymbol{E} = \rho/\varepsilon_0$ 是（看起来是）一个含有三个未知量（E_x，E_y，E_z）的微分方程。但是静电场还有另一个特性，它在讨论中并未扮演一个直接的角色而是给出 $\boldsymbol{E}$ 的分量之间的关系。因此，在获取一种有效的方法去计算电场时它提供了关键的一步。在检验这个问题的过程中，将遇到一些在矢量计算中最重要的问题。

现在开始讨论静电场中与功和能量密切相关的性质。我们肯定会回想起功的基本定义是力乘以距离。因此，在一维平面中，如果力 $F(x)$ 由 $x = a$ 移到 $x = b$，那么由定义所做的功为

$$\int_a^b F(x)\,\mathrm{d}x \text{。}$$

为了能处理更一般的情况，现在必须引进线积分的概念。

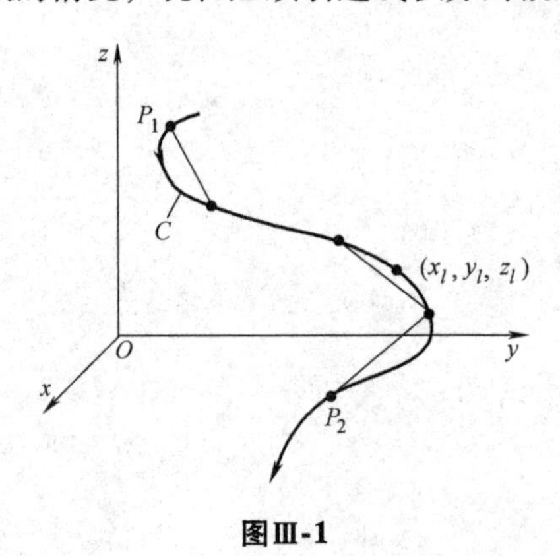

图Ⅲ-1

假设在三维空间中（图Ⅲ-1）有一条曲线 C，并且假设曲线是有方向的。因此，把一个箭头放在曲线上且说明“这是一个正方向。”设 s 是沿着曲线从任一

点 P_1，$s=s_1$ 到另一点 P_2，$s=s_2$ 的弧长。进一步假设有一个定义在 C 上的函数 $f(x, y, z)$。现在把 C 上点 P_1 和 P_2 之间的部分任意分成 N 份。图Ⅲ-1 举的例子是分成了 $N=4$ 份。接下来，用线段连接连续的分点，其中以第 l 个为例，它的长度是 Δs_l。现在计算 $f(x, y, z)$ 在点 (x_l, y_l, z_l) 处的值，它是在曲线上第 l 个部分的任意一点，形成乘积式 $f(x_l, y_l, z_l)\Delta s_l$。对于 C 上的 N 个部分的每一个都这样做，得到和式

$$\sum_{l=1}^{N} f(x_l, y_l, z_l)\Delta s_l \text{。}$$

根据定义，沿着曲线 C 的 $f(x, y, z)$ 的线积分是这个和式的极限，当分割的份数 N 趋向于无穷时即每条弦的长度趋近于 0：

$$\int_C f(x,y,z)\,\mathrm{d}s = \lim_{\substack{N\to\infty \\ \text{每个}\Delta S_l\to 0}} \sum_{l=1}^{N} f(x_l, y_l, z_l)\Delta S_l \text{。}$$

为了计算线积分，需要知道路径 C。通常，说明路径的最便捷的方法是利用弧长参数 s。因此，写成 $x=x(s)$，$y=y(s)$ 和 $z=z(s)$。在这种情况下，线积分能化简为一个普通的定积分：

$$\int_C f(x,y,z)\,\mathrm{d}s = \int_{s_1}^{s_2} f[x(s), y(s), z(s)]\,\mathrm{d}s \text{。}$$

下面举一个线积分的例子。为了简单起见，在二维空间中计算

$$\int_C (x+y)\,\mathrm{d}s,$$

这里 C 是一条从原点到坐标为（1，1）点的线段（见图Ⅲ-2）。如果(x, y)是曲线 C 上任一点 P 的坐标并且 s 是从原点所测的弧长，那么 $x=s/\sqrt{2}$且$y=s/\sqrt{2}$。因此，$x+y=2s/\sqrt{2}=\sqrt{2}s$。因此，

$$\int_C (x+y)\,\mathrm{d}s = \sqrt{2}\int_0^{\sqrt{2}} s\,\mathrm{d}s = \sqrt{2} \text{。}$$

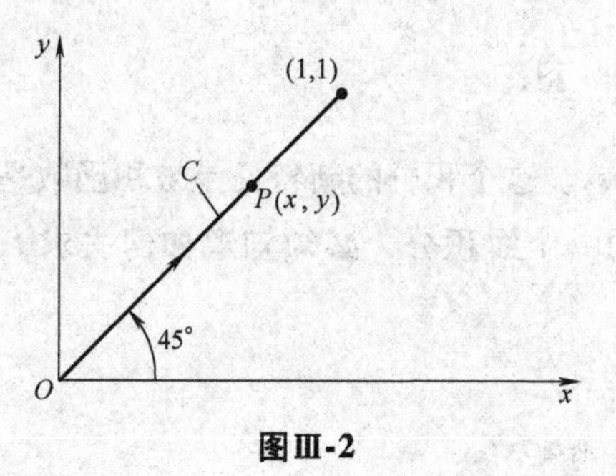

图Ⅲ-2

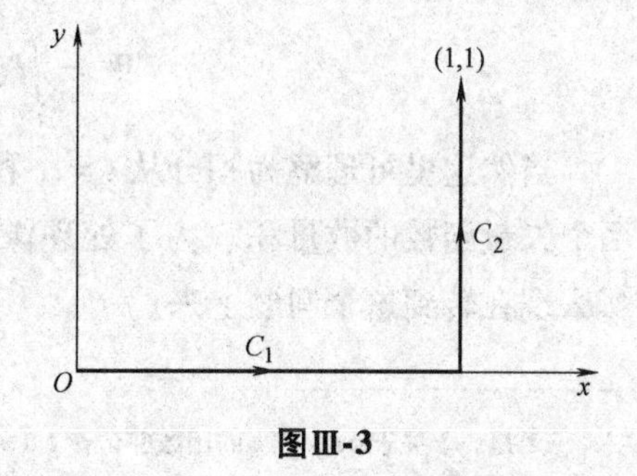

图Ⅲ-3

沿着如图Ⅲ-3 所示的另一路径来计算相同的函数（$x+y$）从（0，0）到（1，1）的积分。这里，将积分分成两个部分，一个沿着 C_1 积分，第二个沿着 C_2 积分。在 C_1 上有 $x=s$ 且 $y=0$。因此，在 C_1 上，$x+y=s$，则

$$\int_{C_1}(x+y)\mathrm{d}s=\int_0^1 s\mathrm{d}s=\frac{1}{2}\text{。}$$

沿着 C_2，$x=1$ 且 $y=s$ [注意这一段路径的弧长是从（1，0）点测量的]。故有

$$\int_{C_2}(x+y)\mathrm{d}s=\int_0^1(1+s)\mathrm{d}s=\frac{3}{2}\text{。}$$

将这两部分的结果相加，有

$$\int_{C}(x+y)\mathrm{d}s=\int_{C_1}(x+y)\mathrm{d}s+\int_{C_2}(x+y)\mathrm{d}s=\frac{1}{2}+\frac{3}{2}=2\text{。}$$

这一节所学的内容是：线积分的值（确实并且通常）取决于积分路径。

涉及矢量函数的线积分

尽管前面的讨论告诉了什么是线积分，接下来将要遇到的这种线积分有一个之前没有提到过的特征。你可以回忆一下之前用功的概念引出线积分的讨论。功是力乘以位移，当意识到力和位移都是矢量时，那么需要详尽说明的地方变得很清楚。

因此，考虑在三维平面（见图Ⅲ-4）上的某条路经 C。假设在力的作用下一个物体在这段路径上从 s_1 移动到 s_2。在曲线上任一点 P 处，用 $\boldsymbol{f}$（x，y，z）表示作用力。$\boldsymbol{f}$ 的分量中做功的量，按照定义仅仅是那个沿着曲线作用的量，即切向方向上的量。设 $\hat{\boldsymbol{t}}$ 表示一个与曲线相切于点 P[⊖] 处的单位向量。那么力使物体沿着曲线 C 从 s_1 移动到 s_2 所做的功是

$$W=\int_C \boldsymbol{f}(x,y,z)\cdot\hat{\boldsymbol{t}}\mathrm{d}s\text{，}$$

当然这里可理解为积分从 $s=s_1$ 积到 $s=s_2$。这个积分的新特征是被积函数是两个矢量函数的数量积。为了处理像这样的一个线积分，必须知道如何去求 $\hat{\boldsymbol{t}}$，那么现在转到这个问题上来。

⊖ $\hat{\boldsymbol{t}}$ 是一个关于 x、y 和 z 的函数并记作 $\hat{\boldsymbol{t}}$（x，y，z），简写为 $\hat{\boldsymbol{t}}$。

考虑以弧长为参数的任意曲线 C（见图Ⅲ-5）。在曲线上的某点 s，有 $x=x(s)$，$y=y(s)$ 和 $z=z(s)$。在另一点 $s+\Delta s$ 处，有 $x+\Delta x=x(s+\Delta s)$，$y+\Delta y=y(s+\Delta s)$ 和 $z+\Delta z=z(s+\Delta s)$。因此，曲线上连接这两点的弦，方向从第一个点指向第二个点，这就是矢量 $\Delta\boldsymbol{r}\equiv\boldsymbol{i}\Delta x+\boldsymbol{j}\Delta y+\boldsymbol{k}\Delta z$，其中

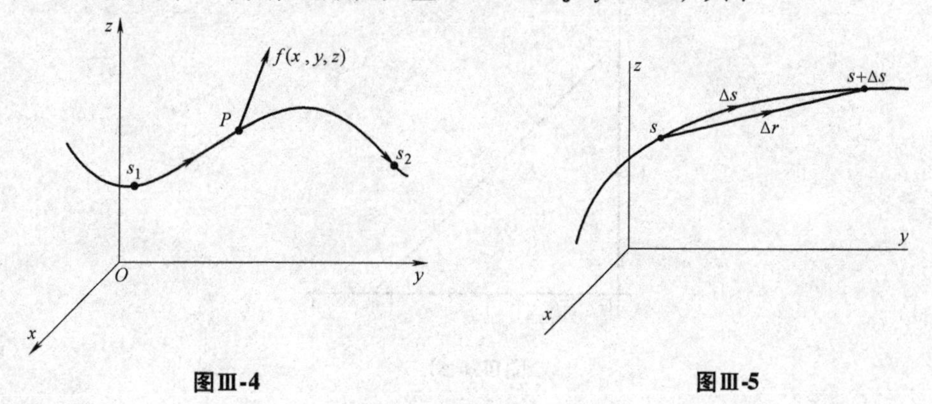

图Ⅲ-4　　图Ⅲ-5

$$\Delta x=x(s+\Delta s)-x(s),$$
$$\Delta y=y(s+\Delta s)-y(s),$$
$$\Delta z=z(s+\Delta s)-z(s)。$$

如果用这个矢量除以 Δs，有

$$\frac{\Delta\boldsymbol{r}}{\Delta s}=\boldsymbol{i}\frac{\Delta x}{\Delta s}+\boldsymbol{j}\frac{\Delta y}{\Delta s}+\boldsymbol{k}\frac{\Delta z}{\Delta s}。$$

当 Δs 趋向于 0 时，取极限有

$$\boldsymbol{i}\frac{\mathrm{d}x}{\mathrm{d}s}+\boldsymbol{j}\frac{\mathrm{d}y}{\mathrm{d}s}+\boldsymbol{k}\frac{\mathrm{d}z}{\mathrm{d}s},$$

称之为 $\hat{\boldsymbol{t}}$。首先，显然当 $\Delta s\to 0$ 时，矢量 $\Delta\boldsymbol{r}$ 与曲线相切于 s 点。此外，在极限式中 $\Delta s\to 0$，可以看到 $|\Delta\boldsymbol{r}|\to\Delta s$。因此，在极限式中这个量的大小是 1。那么能识别出

$$\hat{\boldsymbol{t}}(s)=\boldsymbol{i}\frac{\mathrm{d}x}{\mathrm{d}s}+\boldsymbol{j}\frac{\mathrm{d}y}{\mathrm{d}s}+\boldsymbol{k}\frac{\mathrm{d}z}{\mathrm{d}s}。$$

如果现在回到功 W 的表达式上并且对于 $\hat{\boldsymbol{t}}$ 应用上面这个公式表示，有

$$W=\int_C\boldsymbol{f}(x,y,z)\cdot\left[\boldsymbol{i}\frac{\mathrm{d}x}{\mathrm{d}s}+\boldsymbol{j}\frac{\mathrm{d}y}{\mathrm{d}s}+\boldsymbol{k}\frac{\mathrm{d}z}{\mathrm{d}s}\right]\mathrm{d}s$$
$$=\int_C(f_x\mathrm{d}x+f_y\mathrm{d}y+f_z\mathrm{d}z)$$

这是一个形式上的表达式；为了计算积分，正如下面的例子所示去改写 $\mathrm{d}s$ 是有用的。考虑

$$\boldsymbol{f}(x,y,z)=\boldsymbol{i}y-\boldsymbol{j}x$$

其路径如图Ⅲ-6a 所示。为了计算 $\int_C (\boldsymbol{f}\cdot\hat{\boldsymbol{t}})\,\mathrm{d}s$，将路径 C 分成三个部分 C_1，C_2，C_3。因为 $f_z=0$，所以有

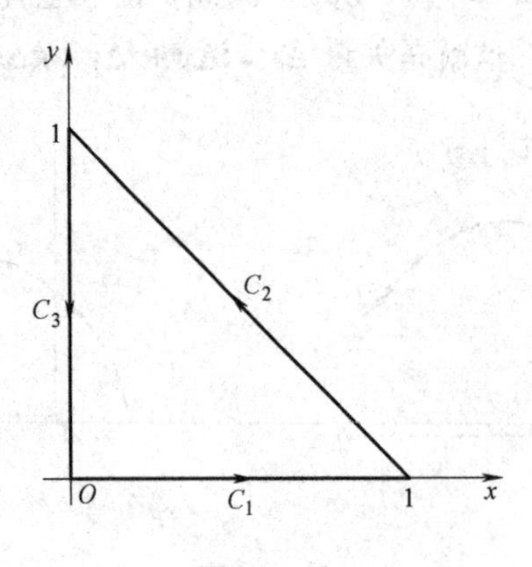

图Ⅲ-6 a)

$$\int_C \boldsymbol{f}\cdot\hat{\boldsymbol{t}}\mathrm{d}s = \int_C f_x\mathrm{d}x + f_y\mathrm{d}y$$

$$= \int_C y\mathrm{d}x - x\mathrm{d}y\text{。}$$

现在，在 C_1 上，$y=0$ 且 $\mathrm{d}y=0$，所以被积函数在 C_1 上积分为 0。同样地，在 C_3 上，有 $x=0$ 且 $\mathrm{d}x=0$，所以在 C_3 上积分结果也为 0。因此，在 C 上积分实际上就变成了被积函数在 C_2 上的积分了。改写 ds，有

$$\int_C \left(y\frac{\mathrm{d}x}{\mathrm{d}s} - x\frac{\mathrm{d}y}{\mathrm{d}s}\right)\mathrm{d}s\text{。}$$

但是 $(1-x)/s=\cos45^\circ=1/\sqrt{2}$，且 $y/s=\sin45^\circ=1/\sqrt{2}$（见图Ⅲ-6b）。因此，

$$\left.\begin{aligned} x&=1-\frac{s}{\sqrt{2}}\Rightarrow\frac{\mathrm{d}x}{\mathrm{d}s}=-\frac{1}{\sqrt{2}}\\ y&=\frac{s}{\sqrt{2}}\Rightarrow\frac{\mathrm{d}y}{\mathrm{d}s}=\frac{1}{\sqrt{2}}\end{aligned}\right\}\quad 0\leqslant s\leqslant\sqrt{2}\text{。}$$

因此，积分是

$$\int_0^{\sqrt{2}}\left[\frac{s}{\sqrt{2}}\left(-\frac{1}{\sqrt{2}}\right)-\left(1-\frac{s}{\sqrt{2}}\right)\frac{1}{\sqrt{2}}\right]\mathrm{d}s = -\frac{1}{\sqrt{2}}\int_0^{\sqrt{2}}\mathrm{d}s = -1\text{。}$$

涉及矢量函数的线积分的第二个例子，设

$$\boldsymbol{f}(x,y,z)=\boldsymbol{i}x^2-\boldsymbol{j}xy,$$

且 C 是半径为 R 的 1/4 圆，方向如图Ⅲ-6c 所示。有

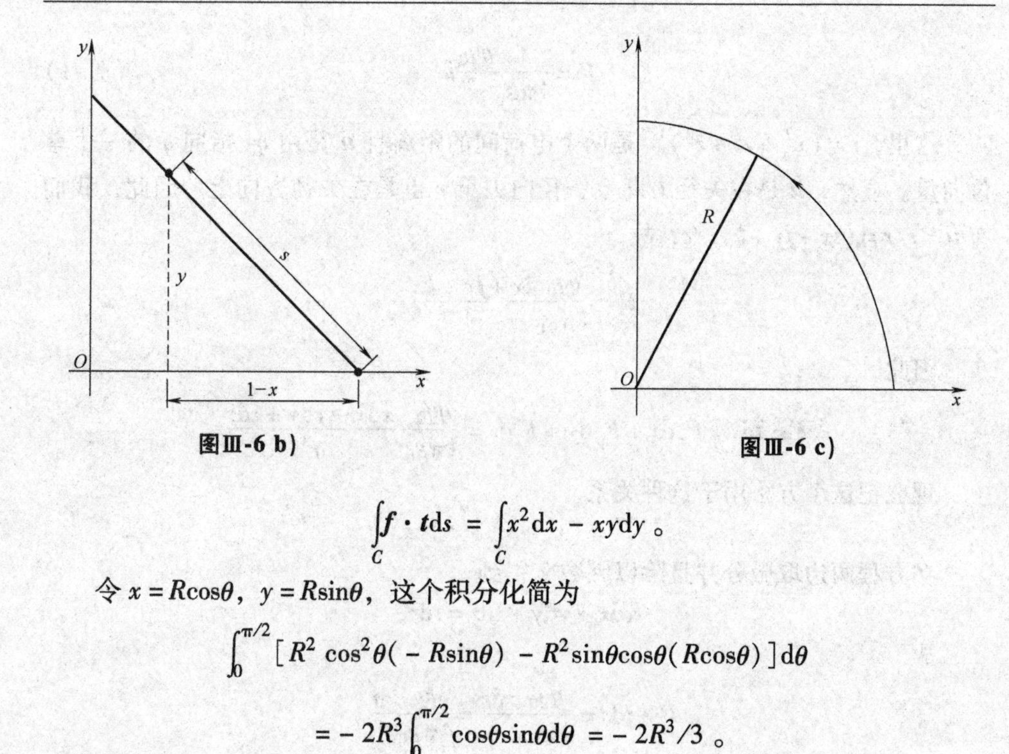

图Ⅲ-6 b)　　图Ⅲ-6 c)

$$\int_C \boldsymbol{f}\cdot\boldsymbol{t}\mathrm{d}s = \int_C x^2\mathrm{d}x - xy\mathrm{d}y\ 。$$

令 $x=R\cos\theta$，$y=R\sin\theta$，这个积分化简为

$$\int_0^{\pi/2}\left[R^2\cos^2\theta(-R\sin\theta)-R^2\sin\theta\cos\theta(R\cos\theta)\right]\mathrm{d}\theta$$

$$=-2R^3\int_0^{\pi/2}\cos\theta\sin\theta\mathrm{d}\theta=-2R^3/3\ 。$$

路径的独立性

在线积分中积分路径是确定被积函数的因素之一。然而积分的值依赖积分路径并不明显。明显的是，在某些情况下，积分的值并不依赖于路径！

证明被积函数是库仑力的情况，（为什么积分值与路径无关）路径的独立是如何产生的呢？设一个电荷 q_0 固定在原点且设另一个电荷 q 位于（x，y，z）（见图Ⅲ-7）。在 q 上的库仑力为

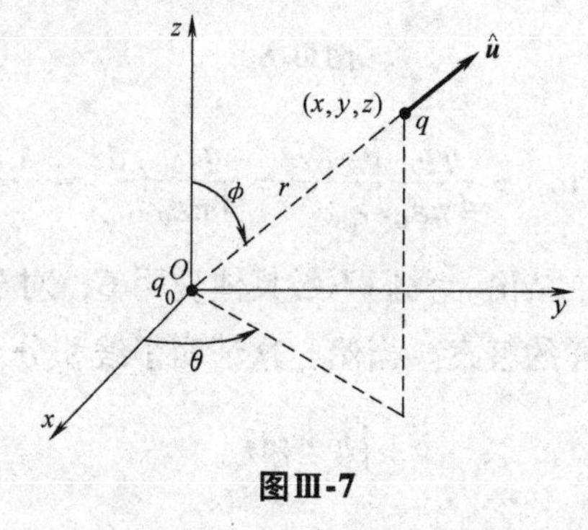

图Ⅲ-7

$$\boldsymbol{F}=\frac{1}{4\pi\varepsilon_0}\frac{qq_0}{r^2}\hat{\boldsymbol{u}} \tag{Ⅲ-1}$$

这里，$r=(x^2+y^2+z^2)^{1/2}$是两个电荷间的距离且 $\hat{\boldsymbol{u}}$ 是由 q_0 指向 q 的一个单位向量。显然，$\hat{\boldsymbol{u}}$ 是在矢径方向上，径向矢量 $\boldsymbol{r}$ 也是在矢径方向上。因此，我们有 $\hat{\boldsymbol{u}}=\boldsymbol{r}/r=(\boldsymbol{i}x+\boldsymbol{j}y+\boldsymbol{k}z)/r$，故

$$\boldsymbol{F}=\frac{qq_0}{4\pi\varepsilon_0}\frac{\boldsymbol{i}x+\boldsymbol{j}y+\boldsymbol{k}z}{r^3}。$$

因此，

$$\boldsymbol{F}\cdot\hat{\boldsymbol{t}}\mathrm{d}s=F_x\mathrm{d}x+F_y\mathrm{d}y+F_z\mathrm{d}z=\frac{qq_0}{4\pi\varepsilon_0}\frac{x\mathrm{d}x+y\mathrm{d}y+z\mathrm{d}z}{r^3}$$

现在把这个方法用于这种关系

$$r^2=(x^2+y^2+z^2)^2。$$

在方程两边取微分并且除以因数 2 得到

$$x\mathrm{d}x+y\mathrm{d}y+z\mathrm{d}z=r\mathrm{d}r,$$

故

$$\boldsymbol{F}\cdot\hat{\boldsymbol{t}}\mathrm{d}s=\frac{qq_0}{4\pi\varepsilon_0}\frac{r\mathrm{d}r}{r^3}=\frac{qq_0}{4\pi\varepsilon_0}\frac{\mathrm{d}r}{r^2}。$$

现在假设电荷 q 从距离原点为 r_1 的点 P_1 移动到距离原点为 r_2 的点 P_2，连接这两点的路径为 C（见图Ⅲ-8）。那么

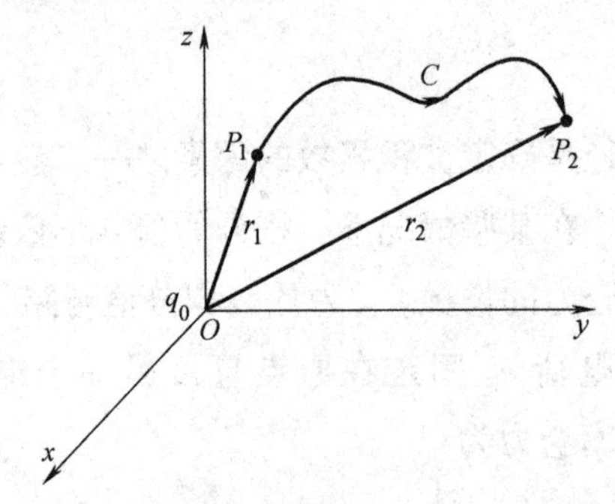

图Ⅲ-8

$$\int_C\boldsymbol{F}\cdot\hat{\boldsymbol{t}}\mathrm{d}s=\frac{qq_0}{4\pi\varepsilon_0}\int_{r_1}^{r_2}\frac{\mathrm{d}r}{r^2}=\frac{qq_0}{4\pi\varepsilon_0}\left(\frac{1}{r_1}-\frac{1}{r_2}\right)。$$

注意到为了得到这个结论，我们不必具体说明 C；对于连接 P_1 和 P_2 的任意一条路径，都能得到同样的答案。当然，这证明了线积分

$$\int_C\boldsymbol{F}\cdot\hat{\boldsymbol{t}}\mathrm{d}s$$

是路径独立的，其中 F 由方程（Ⅲ-1）给出。但是目前这个结论仅仅是为了点电荷 q_0 对 q 产生的库仑力而建立的［方程（Ⅲ-1）］。如果有许多电荷 q_1，q_2，…，q_N，那么在 q 上的合力为 $\boldsymbol{F}_1+\boldsymbol{F}_2+\cdots+\boldsymbol{F}_N$，这里 $\boldsymbol{F}_l$ 是第 l 个电荷 q_l 对 q 的库仑力。因此，

$$\int_C \boldsymbol{F}\cdot\hat{\boldsymbol{t}}\mathrm{d}s=\int_C \boldsymbol{F}_1\cdot\hat{\boldsymbol{t}}\mathrm{d}s+\cdots+\int_C \boldsymbol{F}_N\cdot\hat{\boldsymbol{t}}\mathrm{d}s。$$

上述的讨论证明了这个和式的每一项都是路径独立的；因此，这个和式也是路径独立的（当然，所有这些仅仅是叠加原理的一个应用。）为了用场来叙述这个结论需要一个之前经常用的简单方法：因为 $\boldsymbol{F}=q\boldsymbol{E}$，有 $q\int_C \boldsymbol{E}\cdot\hat{\boldsymbol{t}}$ 是路径独立的，由此 $\int_C \boldsymbol{E}\cdot\hat{\boldsymbol{t}}$ 也是。这就能使 $\nabla\cdot\boldsymbol{E}=\rho/\varepsilon_0$ 转变成一个更有用的方程。

如果仔细看之前的讨论，你将看到库仑力与 r^2 成反比，与线积分的路径独立无关。路径独立仅仅依赖于库仑力的两个性质：（1）它仅仅取决于两个粒子间的距离，（2）力的作用方向沿着它们的连线。任何一个具有这两个性质的力 $\boldsymbol{F}$ 叫做向心力，且对于任何向心力㊀，$\int_C \boldsymbol{F}\cdot\hat{\boldsymbol{t}}\mathrm{d}s$ 是路径独立的[2]。

下面进一步说明路径的独立性。如果

$$\int_C \boldsymbol{F}\cdot\hat{\boldsymbol{t}}\mathrm{d}s$$

是路径独立的，那么

$$\int_{C_1} \boldsymbol{F}\cdot\hat{\boldsymbol{t}}\mathrm{d}s=\int_{C_2} \boldsymbol{F}\cdot\hat{\boldsymbol{t}}\mathrm{d}s,$$

如图Ⅲ-9 所示，C_1 和 C_2 是连接 P_1 和 P_2 两点的任意两条不同的路径且方向如图所示。

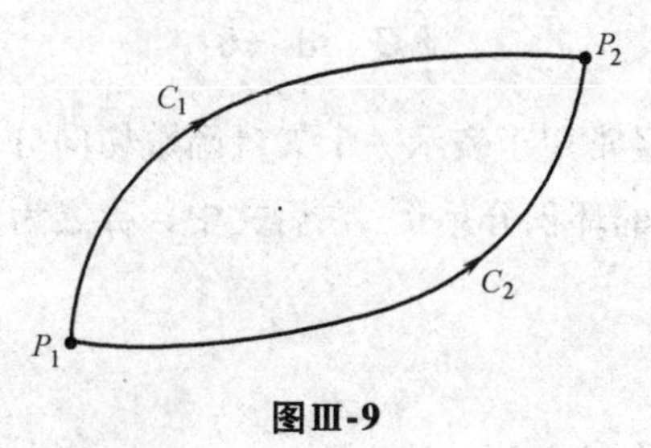

图Ⅲ-9

㊀ 用向心力来举例说明路径独立可能产生只有向心力才有线积分上的路径独立这样的错误印象。那确实是不正确的；许多函数不是向心力也有路径独立的线积分。后面本书将介绍判断这样函数的一个简单标准。

如果想替代沿 C_1 从 P_1 到 P_2 的积分，选其他路径，只需改变线积分的符号；即

$$\int_{-C_1} \boldsymbol{F} \cdot \hat{\boldsymbol{t}} \mathrm{d}s = -\int_{C_1} \boldsymbol{F} \cdot \hat{\boldsymbol{t}} \mathrm{d}s,$$

这里 $-C_1$ 仅仅意味着积分路径沿着 C_1 从 P_2 到 P_1。因此，

$$\int_{C_2} \boldsymbol{F} \cdot \hat{\boldsymbol{t}} \mathrm{d}s = -\int_{-C_1} \boldsymbol{F} \cdot \hat{\boldsymbol{t}} \mathrm{d}s$$

或

$$\int_{-C_1+C_2} \boldsymbol{F} \cdot \hat{\boldsymbol{t}} \mathrm{d}s = 0。$$

但是 $-C_1+C_2$ 仅仅是从 P_1 到 P_2 的闭合回路，如图Ⅲ-10 所示。因此，如果 $\int \boldsymbol{F} \cdot \hat{\boldsymbol{t}} \mathrm{d}s$ 是路径独立的，那么

$$\oint \boldsymbol{F} \cdot \hat{\boldsymbol{t}} \mathrm{d}s = 0,$$

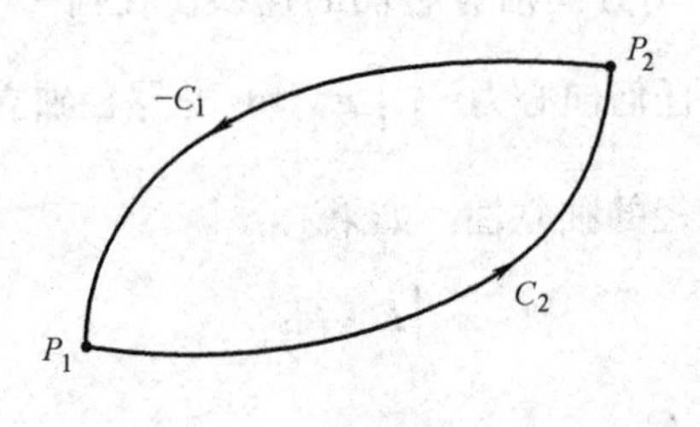

图Ⅲ-10

这里，符号 $\oint$ 表示沿着闭合路径的线积分。这说明了如果 $\boldsymbol{E}$ 是一个静电场，则写成

$$\oint \boldsymbol{E} \cdot \hat{\boldsymbol{t}} \mathrm{d}s = 0 \qquad (\text{Ⅲ-2})。$$

“环积分”这个词经常用于表示一个矢量函数切向分量的闭曲线上的路径积分。因此证明了静电场的环积分是 0。在后文中，称之为环路定理。

旋度

如果给出某个矢量函数 $\boldsymbol{F}(x, y, z)$ 并且问：“这是一个静电场吗？”原则上我们可以提供一个答案。如果

$$\oint \boldsymbol{F} \cdot \hat{\boldsymbol{t}} \mathrm{d}s \neq 0$$

只要在一条路径上成立，那么 **F** 不能是一个静电场。如果

$$\oint \boldsymbol{F} \cdot \hat{\boldsymbol{t}} \mathrm{d}s = 0$$

在每一闭合路径上成立，那么 **F** 是一个静电场。

显然，这个准则不容易应用，因为必须确定 **F** 的环积分在所有可能路径上为0。为了发现一个更有用的准则，正如证明高斯定理一样证明环路定理，它是一个涉及电场积分的表达式。高斯定理更有用的是它的微分形式［方程(Ⅱ-18)和（Ⅱ-23)］，它是由通量与退化面的体积的比来得到的。现在，用同样的方法来找到环路定理方程（Ⅲ-2）的微分形式。为了强调分析和结论的一般性，研究任意一个函数 **F**（x，y，z），在证明的后一阶段专门研究 **E**（x，y，z）。

考虑 **F** 在一个小长方形上的环积分，这个长方形与 xOy 平面平行，边长分别为 Δx，Δy 且中心点（x，y，z）(见图Ⅲ-11a)。正如图Ⅲ-11b 所示，俯视 xOy 平面，计算出逆时针方向下的路径积分。这个线积分被分成四个部分：C_B（下)，C_R（右)，C_T（上)，C_L（左)。由于长方形很小（最终当它缩减为 0 时取得极限值)，用在每一段中心计算出 $\boldsymbol{F} \cdot \hat{\boldsymbol{t}}$ 的值与这段长度的乘积去近似在每一段上的积分㊀。

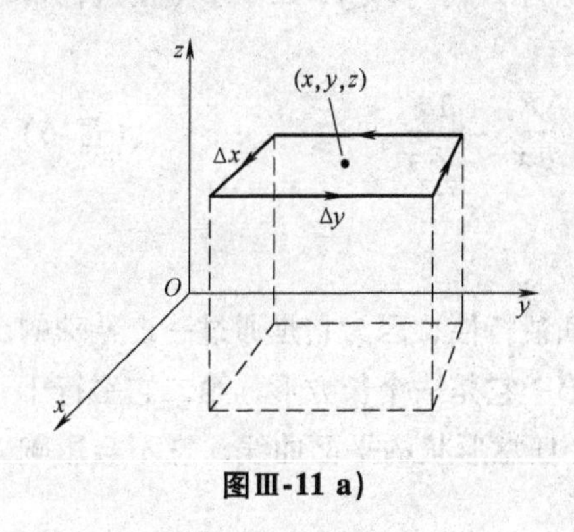

图Ⅲ-11 a)

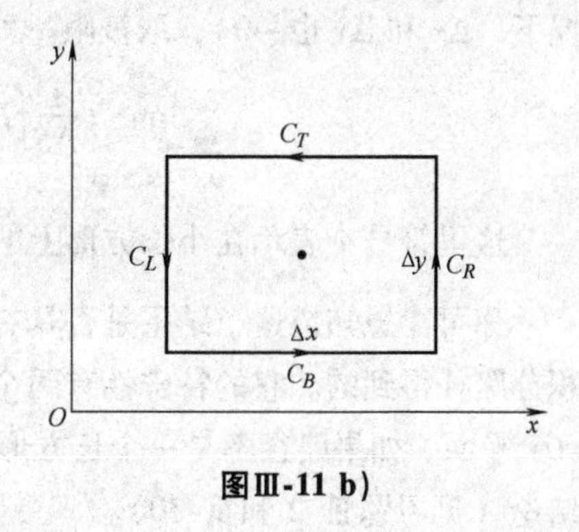

图Ⅲ-11 b)

首先对于 C_B，有

$$\int_{C_B} \boldsymbol{F} \cdot \hat{\boldsymbol{t}} \mathrm{d}s = \int_{C_B} F_x \mathrm{d}x \approx F_x\left(x, y - \frac{\Delta y}{2}, z\right) \Delta x。 \quad (Ⅲ\text{-3a})$$

在 C_T 上有

㊀ 重新阅读第 29 页的脚注㊁，然后给出证明这个逼近正确的依据。

$$\int_{C_T} \boldsymbol{F} \cdot \hat{\boldsymbol{t}} \mathrm{d}s = \int_{C_T} F_x \mathrm{d}x \approx -F_x\left(x, y+\frac{\Delta y}{2}, z\right) \Delta x 。 \qquad (\text{Ⅲ-3b})$$

这里的负号是因为

$$\int_{C_T} F_x \mathrm{d}x = \int_{C_T} F_x \frac{\mathrm{d}x}{\mathrm{d}s} \mathrm{d}s$$

且在 C_T 上 $\mathrm{d}x/\mathrm{d}s=-1$。方程（Ⅲ-3a）和（Ⅲ-3b）相加，得到

$$\int_{C_T+C_B} (\boldsymbol{F} \cdot \hat{\boldsymbol{t}}) \mathrm{d}s \approx -\left[F_x\left(x, y+\frac{\Delta y}{2}, z\right)-F_x\left(x, y-\frac{\Delta y}{2}, z\right)\right] \Delta x$$

$$\approx -\frac{F_x\left(x, y+\frac{\Delta y}{2}, z\right)-F_x\left(x, y-\frac{\Delta y}{2}, z\right)}{\Delta y} \Delta x \Delta y 。$$

显然，因式 $\Delta x \Delta y$ 是长方形的面积 ΔS。因此，

$$\frac{1}{\Delta S} \int_{C_L+C_B} (\boldsymbol{F} \cdot \hat{\boldsymbol{t}}) \mathrm{d}s \approx -\frac{F_x\left(x, y+\frac{\Delta y}{2}, z\right)-F_x\left(x, y-\frac{\Delta y}{2}, z\right)}{\Delta y} 。 \qquad (\text{Ⅲ-4})$$

确实，将同样的分析方法应用到长方形的左右两边（C_L 和 C_R），有

$$\frac{1}{\Delta S} \int_{C_L+C_R} (\boldsymbol{F} \cdot \hat{\boldsymbol{t}}) \mathrm{d}s \approx -\frac{F_y\left(x+\frac{\Delta x}{2}, y, z\right)-F_y\left(x-\frac{\Delta x}{2}, y, z\right)}{\Delta x} 。 \qquad (\text{Ⅲ-5})$$

将方程（Ⅲ-4）和（Ⅲ-5）相加，当 ΔS 退化为一点（x，y，z）时（在这种情况下，Δx 和 Δy 也→0），取极限。即

$$\lim_{\substack{\Delta S \to 0 \\ \text{关于}(x,y,z)}} \frac{1}{\Delta S} \oint \boldsymbol{F} \cdot \hat{\boldsymbol{t}} \mathrm{d}s = \frac{\partial F_y}{\partial x}-\frac{\partial F_x}{\partial y}, \qquad (\text{Ⅲ-6})$$

这里符号 $\oint$ 表示在小长方形上的环积分。

你可能想知道这个结果是否具有一般性和独特性，因为它是通过一个特殊的积分路径得到的。它的特殊性有两个方面：第一它是一个长方形，第二它平行于 xOy 平面。如果路径不是一个长方形而是一个任意形状的平面曲线，它不会影响结论（见习题Ⅲ-2 和Ⅲ-30）。

但是结论的确取决于积分路径的特定方向。上面所做的方向选择显然适合另两种情况，如图Ⅲ-12a、b 所示，它们每一个都适用的计算结果。

$$\lim_{\substack{\Delta S \to 0 \\ \text{关于}(x,y,z)}} \frac{1}{\Delta S} \oint \boldsymbol{F} \cdot \hat{\boldsymbol{t}} \mathrm{d}s = \frac{\partial F_y}{\partial x}$$

这三条路径的每一条都以闭区域的法向量来命名。我们使用的方法是这样的：描出曲线 C 以至于封闭区域总是在它的左侧（见图Ⅲ-13a）。然后选择法向

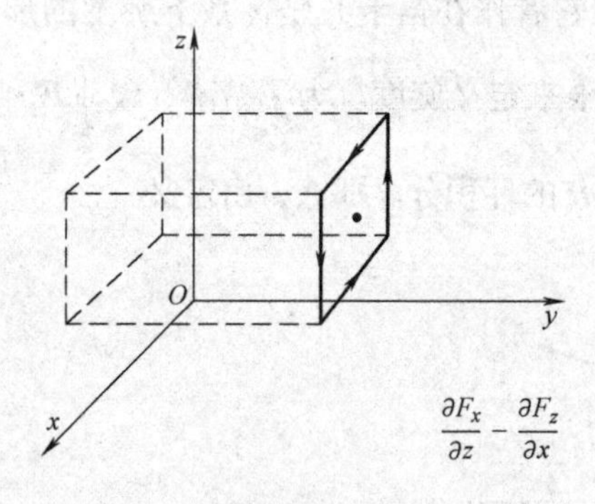

图Ⅲ-12 a)

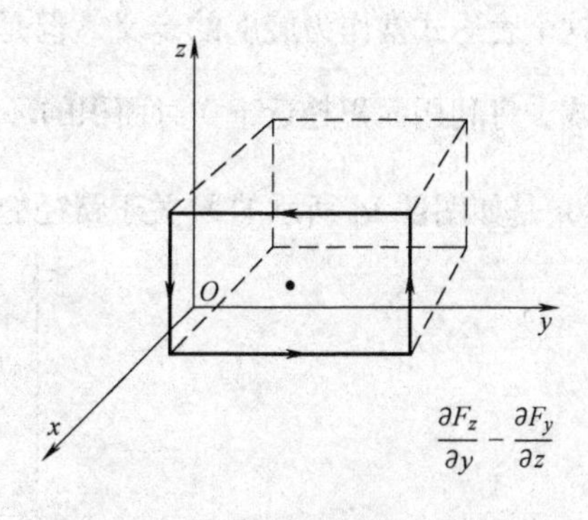

图Ⅲ-12 b)

量使得它在图中所示的方向指向上。这种方法叫做右手定则，右手的位置是这样的：四指弯曲的方向为曲线方向，拇指指向法向量的方向（见图Ⅲ-13b）。利用右手定则，有如下表达式：

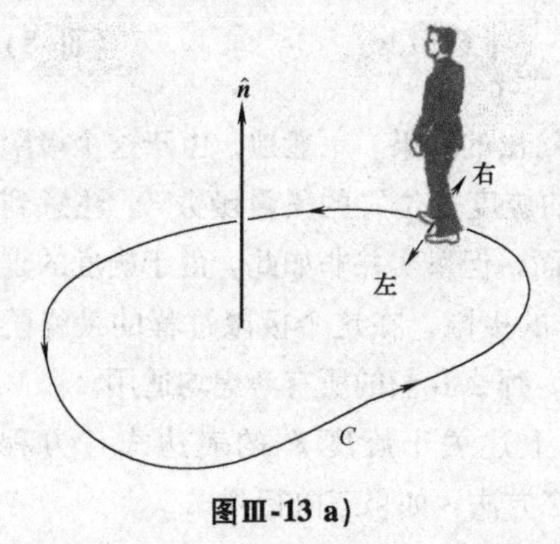

图Ⅲ-13 a)

图Ⅲ-13 b)

$$\text{计算} \lim_{\Delta S\to 0}\oint \boldsymbol{F}\cdot\hat{\boldsymbol{t}}\mathrm{d}s/\Delta S$$

$$\left.\begin{aligned}&\text{对于法向量为 } \boldsymbol{i} \text{ 的路径,有}\frac{\partial F_z}{\partial y}-\frac{\partial F_y}{\partial z},\\&\text{对于法向量为 } \boldsymbol{j} \text{ 的路径,有}\frac{\partial F_x}{\partial z}-\frac{\partial F_z}{\partial x},\\&\text{对于法向量为 } \boldsymbol{k} \text{ 的路径,有}\frac{\partial F_y}{\partial x}-\frac{\partial F_x}{\partial y}\text{。}\end{aligned}\right\}\qquad(\text{Ⅲ-7a})$$

它证明了这三个量是一个矢量的笛卡儿分量。对于这样的矢量，则称之为“$\boldsymbol{F}$ 的旋度”，写成 curl$\boldsymbol{F}$。因此，有

$$\mathrm{curl}\boldsymbol{F}=\boldsymbol{i}\left(\frac{\partial F_z}{\partial y}-\frac{\partial F_y}{\partial z}\right)+\boldsymbol{j}\left(\frac{\partial F_x}{\partial z}-\frac{\partial F_z}{\partial x}\right)+\boldsymbol{k}\left(\frac{\partial F_y}{\partial x}-\frac{\partial F_x}{\partial y}\right)\text{。}\qquad(\text{Ⅲ-7b})$$

这个表达式常作为旋度的定义，但是更喜欢把它看作在笛卡儿坐标系下旋度的形式。将利用面积趋近于0时面积的环积分的极限来定义旋度。为了精确，设 $\oint_{C_n} \boldsymbol{F} \cdot \hat{\boldsymbol{t}} ds$ 是如图Ⅲ-14所示的 $\boldsymbol{F}$ 关于路径的法向量是 $\hat{\boldsymbol{n}}$ 的环积分。那么，由定义

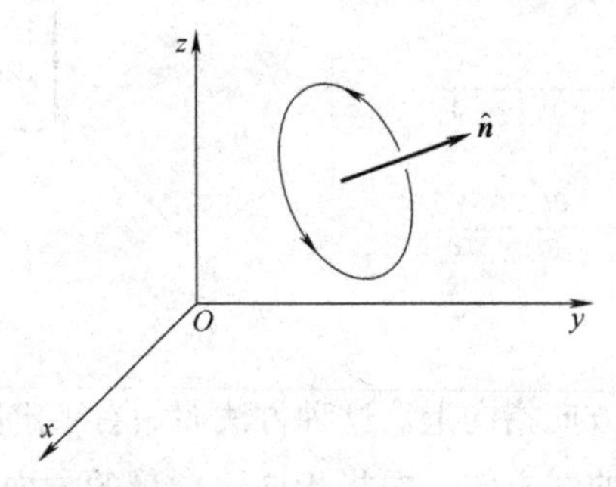

图Ⅲ-14

$$\hat{\boldsymbol{n}} \cdot \mathrm{curl}\boldsymbol{F} = \lim_{\substack{\Delta S \to 0 \\ \text{关于}(x,y,z)}} \frac{1}{\Delta S} \oint_{C_n} \boldsymbol{F} \cdot \hat{\boldsymbol{t}} ds \qquad (\text{Ⅲ-8})$$

依次设 $\hat{\boldsymbol{n}}$ 等于 $\boldsymbol{i}$，$\boldsymbol{j}$，$\boldsymbol{k}$，回到方程（Ⅲ-7b）给出的结果。一般地，由于这个极限对应不同的点（x，y，z）有不同的值，$\boldsymbol{F}$ 的旋度是位置的矢量函数[㊀]。注意到尽管总是假设积分路径所围成区域是一个平面，但事实并非如此。由于旋度的定义是根据在某点处一个封闭的曲面缩减为0的极限，在这个极限过程的最终阶段，这个封闭的曲面无限地接近于一个平面，那么我们的所有考虑均适用。

毫无疑问，在笛卡儿坐标系下去记忆上述关于旋度 $\boldsymbol{F}$ 的表达式［方程（Ⅲ-7b）］是很困难的，但有一种有效的记忆方法。如果三阶行列式

$$\begin{vmatrix} \boldsymbol{i} & \boldsymbol{j} & \boldsymbol{k} \\ \partial/\partial x & \partial/\partial y & \partial/\partial z \\ F_x & F_y & F_z \end{vmatrix}$$

展开（大多按照第一行展开），其中某个乘积被解释为偏导数［例如 $(\partial/\partial x) F_y = \partial F_y/\partial x$］，那么这个结果和方程（Ⅲ-7b）[㊁]中所给出的一样。因此，令人苦恼地去记忆在笛卡儿坐标系下旋度 $\boldsymbol{F}$ 的形式变成了记忆如何去展开一个三阶行列式。

㊀ rotation 这个词（简写为“rot”）曾经用来表示旋度。尽管由于长时间不使用这个词了，但是一个相关的词产生了：如果旋度 $\boldsymbol{F}=0$，函数 $\boldsymbol{F}$ 就叫做无旋的。

㊁ 一位数学家反对它，严格地说因为一个行列式不是一定要包含向量或者包含算子的，因为“行列式”仅仅是一个辅助记忆工具。

下面的一个例子是计算旋度，考虑矢量函数

$$\boldsymbol{F}(x,y,z)=\boldsymbol{i}xz+\boldsymbol{j}yz-\boldsymbol{k}y^2。$$

有

$$\begin{aligned}\mathrm{Curl}\boldsymbol{F}&=\begin{vmatrix}\boldsymbol{i}&\boldsymbol{j}&\boldsymbol{k}\\ \partial/\partial x&\partial/\partial y&\partial/\partial z\\ xz&yz&-y^2\end{vmatrix}\\&=\boldsymbol{i}(-2y-y)+\boldsymbol{j}(x-0)+\boldsymbol{k}(0-0)\\&=-3\boldsymbol{i}y+\boldsymbol{j}x\end{aligned}$$

你可能已经注意到旋度的表示符号能够写成早先介绍的哈密顿算子的形式。你自己可以证明

$$\mathrm{curl}\boldsymbol{F}=\nabla\times\boldsymbol{F},$$

它读作“del 乘以 $\boldsymbol{F}$”。因此，总是应用 $\nabla\times\boldsymbol{F}$ 来表示旋度。

柱面坐标系和球面坐标系下的旋度

为了得到在其他坐标系下 $\nabla\times\boldsymbol{F}$ 的形式，可以按照前面寻找在笛卡儿坐标系下形式的方法，仅仅需要适当地修改下积分的路径。例如，应用如图Ⅲ-15a 所示的路径将会得到 $\nabla\times\boldsymbol{F}$ 在柱面坐标系㊀下的 z 分量。注意到描绘的曲线是按照前面章节所给的右手定则。观察上面的路径形式（正如我们在图Ⅲ-15b 中所做

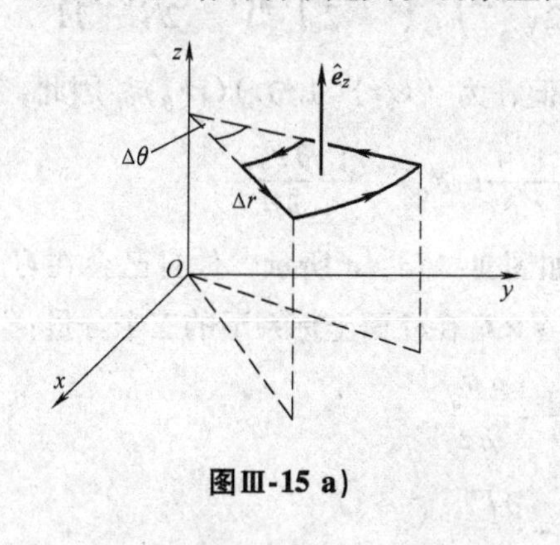

图Ⅲ-15 a)

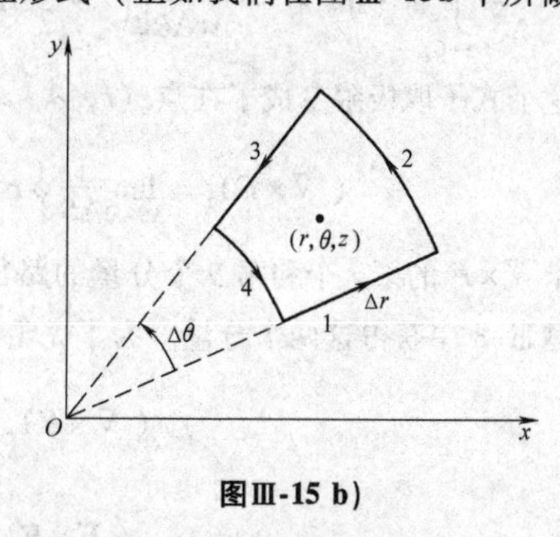

图Ⅲ-15 b)

㊀ 为了导出 $\nabla\times\boldsymbol{F}$ 在笛卡儿坐标系下的形式，每一个积分路径中的部分（如图Ⅲ-11 和Ⅲ-12）是 $x=$ 常数，$y=$ 常数或 $z=$ 常数的形式。类似地，为了导出柱状坐标系下的形式，每一个路径中的部分是 $r=$ 常数，$\theta=$ 常数或 $z=$ 常数的形式。

的），沿着标记为 1 的路径的线积分 $\boldsymbol{F}$（r，θ，z）$\cdot\,\hat{\boldsymbol{t}}$ 是

$$\int_{C_1}\boldsymbol{F}\cdot\hat{\boldsymbol{t}}\mathrm{d}s \approx F_r\left(r,\theta-\frac{\Delta\theta}{2},z\right)\Delta r\,,$$

而沿着标记为 3 的路径是

$$\int_{C_3}\boldsymbol{F}\cdot\hat{\boldsymbol{t}}\mathrm{d}s \approx -F_r\left(r,\theta+\frac{\Delta\theta}{2},z\right)\Delta r\,。$$

由路径所围成的面积是 $r\Delta r\Delta\theta$，所以

$$\frac{1}{\Delta S}\int_{C_1+C_3}\boldsymbol{F}\cdot\hat{\boldsymbol{t}}\mathrm{d}s \approx -\frac{\Delta r}{r\Delta r\Delta S}\left[F_r\left(r,\theta+\frac{\Delta\theta}{2},z\right)-F_r\left(r,\theta-\frac{\Delta\theta}{2},z\right)\right]。$$

当 Δr 和 $\Delta\theta$ 趋向于 0 时的极限变为在点（r，θ，z）处的值，为

$$-\frac{1}{r}\frac{\partial F_r}{\partial\theta}。$$

沿着标记为 2 的路径，有

$$\int_{C_2}\boldsymbol{F}\cdot\hat{\boldsymbol{t}}\mathrm{d}s \approx F_\theta\left(r+\frac{\Delta r}{2},\theta,z\right)\left(r+\frac{\Delta r}{2}\right)\Delta\theta\,,$$

且沿着标记为 4 的路径，

$$\int_{C_4}\boldsymbol{F}\cdot\hat{\boldsymbol{t}}\mathrm{d}s \approx -F_\theta\left(r-\frac{\Delta r}{2},\theta,z\right)\left(r-\frac{\Delta r}{2}\right)\Delta\theta\,。$$

因此，

$$\frac{1}{\Delta S}\int_{C_2+C_4}\boldsymbol{F}\cdot\hat{\boldsymbol{t}}\mathrm{d}s \approx -\frac{\Delta\theta}{r\Delta r\Delta\theta}\left[\left(r+\frac{\Delta r}{2}\right)F_\theta\left(r+\frac{\Delta r}{2},\theta,z\right)-\left(r-\frac{\Delta r}{2}\right)F_\theta\left(r-\frac{\Delta r}{2},\theta,z\right)\right]$$

这个式子取极限变成了在点（r，θ，z）处的值，为 $(1/r)(\partial/\partial r)(rF_\theta)$。因此，

$$(\nabla\times\boldsymbol{F})_z=\lim_{\Delta S\to 0}\frac{1}{\Delta S}\oint\boldsymbol{F}\cdot\hat{\boldsymbol{t}}\mathrm{d}s=\frac{1}{r}\frac{\partial}{\partial r}(rF_\theta)-\frac{1}{r}\frac{\partial F_r}{\partial\theta}。$$

求 $\nabla\times\boldsymbol{F}$ 的第 r 个和第 θ 个分量的路径分别如图Ⅲ-15c、d 所示。你自己会在习题Ⅲ-8 中获得这两个分量。为了完整，给出 $\nabla\times\boldsymbol{F}$ 在柱面坐标系下的三个分量：

$$(\nabla\times\boldsymbol{F})_r=\frac{1}{r}\frac{\partial F_z}{\partial\theta}-\frac{\partial F_\theta}{\partial z},$$

$$(\nabla\times\boldsymbol{F})_\theta=\frac{\partial F_r}{\partial z}-\frac{\partial F_z}{\partial r},$$

$$(\nabla\times\boldsymbol{F})_z=\frac{1}{r}\frac{\partial}{\partial\theta}(rF_\theta)-\frac{1}{r}\frac{\partial F_r}{\partial\theta}。$$

下面这个例子是计算在柱面坐标系下的旋度，考虑函数

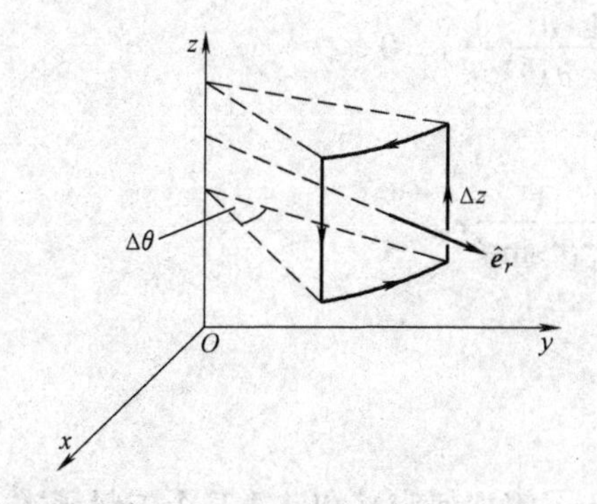

图Ⅲ-15 c)

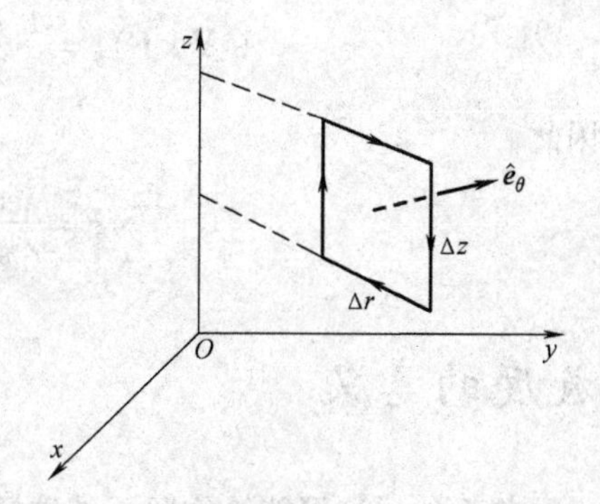

图Ⅲ-15 d)

$$\boldsymbol{F}(r,\theta,z)=\hat{\boldsymbol{e}}_r r^2 z+\hat{\boldsymbol{e}}_\theta rz^2\cos\theta+\hat{\boldsymbol{e}}_z r^3$$

那么，

$$(\nabla\times\boldsymbol{F})_r=\frac{1}{r}\frac{\partial}{\partial\theta}(r^3)-\frac{\partial}{\partial z}(rz^2\cos\theta)=-2rz\cos\theta,$$

$$(\nabla\times\boldsymbol{F})_\theta=\frac{\partial}{\partial z}(r^2 z)-\frac{\partial}{\partial r}(r^3)=-2r^2,$$

$$(\nabla\times\boldsymbol{F})_z=\frac{1}{r}\frac{\partial}{\partial r}(r^2z^2\cos\theta)-\frac{1}{r}\frac{\partial}{\partial\theta}(r^2 z)=2z^2\cos\theta。$$

因此，

$$\nabla\times\boldsymbol{F}=-2\hat{\boldsymbol{e}}_r rz\cos\theta-2\hat{t}_\theta r^2+2\hat{t}_z z^2\cos\theta。$$

在球面坐标系下旋度 $\boldsymbol{F}$ 的三个分量（见习题Ⅲ-9）如下：

$$(\nabla\times\boldsymbol{F})_r=\frac{1}{r\sin\Phi}\frac{\partial}{\partial\Phi}(\sin\Phi F_\theta)-\frac{1}{r\sin\Phi}\frac{\partial F_\Phi}{\partial\theta},$$

$$(\nabla\times\boldsymbol{F})_\Phi=\frac{1}{r\sin\Phi}\frac{\partial F_r}{\partial\theta}-\frac{1}{r}\frac{\partial}{\partial r}(rF_\theta),$$

$$(\nabla\times\boldsymbol{F})_\theta=\frac{1}{r}\frac{\partial}{\partial r}(rF_\Phi)-\frac{1}{r}\frac{\partial F_r}{\partial\Phi}。$$

下面这个例子是计算在球面坐标系下的旋度，考虑函数

$$F(r,\theta,\Phi)=\frac{\hat{\boldsymbol{e}}_r}{r\theta}+\frac{\hat{\boldsymbol{e}}_\Phi}{r}+\frac{\hat{\boldsymbol{e}}_\theta}{r\cos\Phi},$$

那么，

$$(\nabla\times\boldsymbol{F})_r=\frac{1}{r\sin\Phi}\frac{\partial}{\partial\Phi}\left(\sin\Phi\frac{1}{r\cos\Phi}\right)-\frac{1}{r\sin\Phi}\cdot 0=\frac{\sec^2\Phi}{r^2\sin\Phi},$$

$$(\nabla\times\boldsymbol{F})_\Phi=\frac{1}{r\sin\Phi}\frac{\partial}{\partial\theta}\left(\frac{1}{r\theta}\right)-\frac{1}{r}\frac{\partial}{\partial r}(\cos\Phi)=-\frac{1}{r^2\theta^2\sin\Phi},$$

$$(\nabla\times\boldsymbol{F})_\theta=\frac{1}{r}\frac{\partial}{\partial r}(1)-\frac{1}{r}\frac{\partial}{\partial\Phi}\left(\frac{1}{r\theta}\right)=0。$$

因此，

$$\nabla\times\boldsymbol{F}=\frac{\sec^2\Phi}{r^2\sin\Phi}\hat{\boldsymbol{e}}_r-\frac{1}{r^2\theta^2\sin\Phi}\hat{\boldsymbol{e}}_\Phi$$

旋度的意义

前面的讨论可能给你留下了这样的感觉：了解如何定义和计算某个矢量函数的旋度与理解它的内涵大不相同。旋度与在闭合路径上的线积分相关这个事实（实际上就是“curl”这个词本身）表明了它和事物的旋转、弯曲、卷缩有关。依靠流体运动的几个例子，我们会尽力将这些模糊的地方表达的清楚一些。

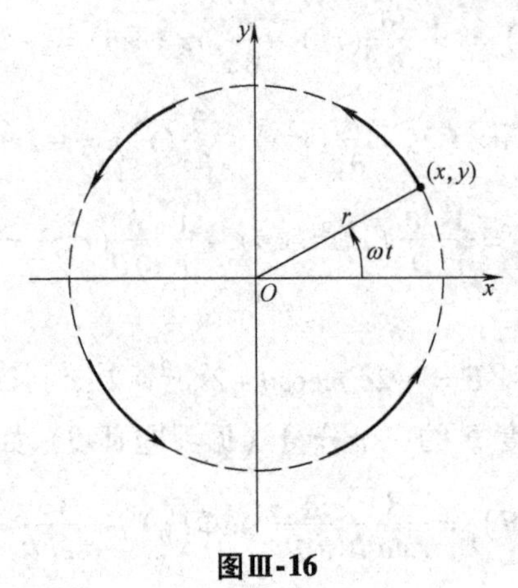

图Ⅲ-16

假设水在圆形的路径中流动，就像浴缸排水一样。在时刻 t，一小块水的体积在点（x，y）处的坐标为 $x=r\cos\omega t$，$y=r\sin\omega t$，这里 ω 是水的角速度，为常数（见图Ⅲ-16[㊀]）。因此，在点（x，y）上它的速度是

$$\begin{aligned}\boldsymbol{v}&=\boldsymbol{i}(\mathrm{d}x/\mathrm{d}t)+\boldsymbol{j}(\mathrm{d}y/\mathrm{d}t)=r\omega[-\boldsymbol{i}\sin\omega t+\boldsymbol{j}\cos\omega t]\\&=\omega(-\boldsymbol{i}y+\boldsymbol{j}x)\end{aligned}$$

这个表达式给出了所谓水的速度场，它告诉水在任一点（x，y）处的速度。直觉告诉你，因为运动的路径是圆形的，这个速度一定有非零的旋度。事实上，

㊀ 这不是一个对水从桶中流出的真实描述，由于旋转的水相切地切断，它的角速度随着 r 的变化而变化。但是它既能达到目的又很简单。

可以很容易表示为

$$\nabla \times \boldsymbol{v} = 2\boldsymbol{k}\omega。$$

这个结论看起来应该是很合理的，因为速度的旋度正比于旋转水的角速度。看到 $\nabla \times \boldsymbol{v}$ 是一个垂直于运动平面的矢量并且在 z 轴正方向上（见图Ⅲ-17a）。如果水围绕另一方向旋转，$\boldsymbol{v}$ 的旋度则在 z 轴的负方向上（见图Ⅲ-17b）。注意到这是与右手定则相一致的（见书 60－61 页）。如果把一个带桨小轮放在水中，它会开始旋转，因为冲击的水会施加扭转力在桨上（见图Ⅲ-18）。此外，带桨小轮会绕着它的轴旋转，指向旋度的方向。

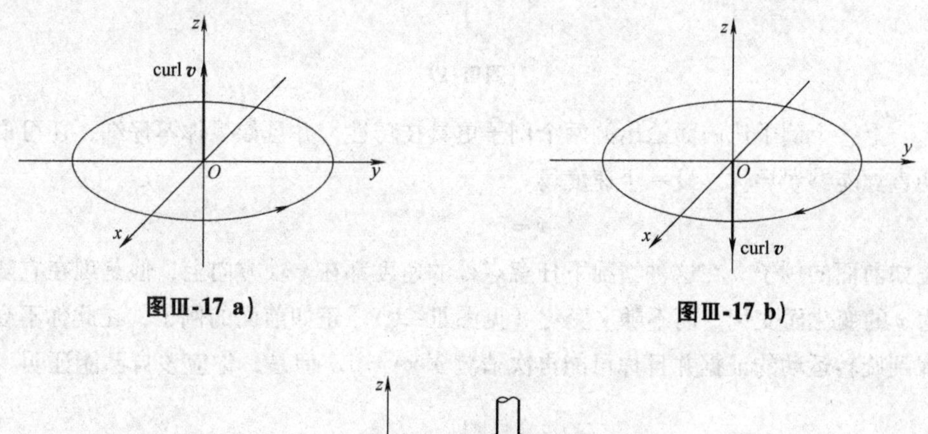

图Ⅲ-17 a)　　图Ⅲ-17 b)

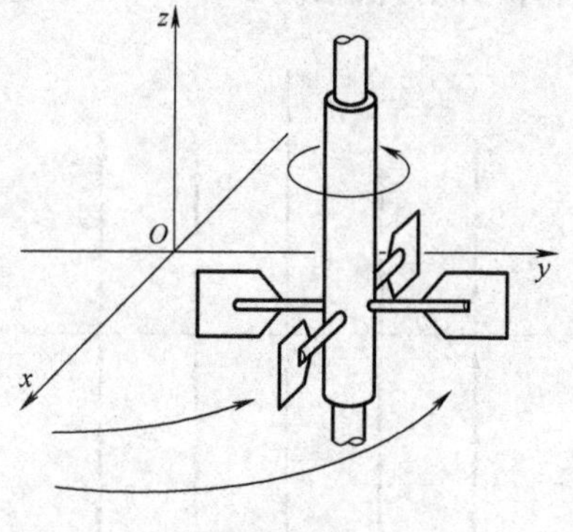

图Ⅲ-18

现在考虑一个不同的速度场，

$$\boldsymbol{v} = \boldsymbol{j} v_0 \mathrm{e}^{-y^2/\lambda^2},$$

这里 v_0 和 λ 是常数。水在这样的一个速度场下会有一个如图Ⅲ-19 所示的流动的图。在所有的点处速度是在 y 轴的正方向上，且它的大小（箭头的长度所示）随着 y 的变化而变化。由于这里你仅看到直线流动而没有任何旋转运动，你会猜测可能在这种情况下 $\nabla \times \boldsymbol{v} = 0$，一个简单的计算就可以证明，你会是正确的。在这个流动的图中任意处都不对带桨小轮有净扭力，因此它不会旋转[㊀]。

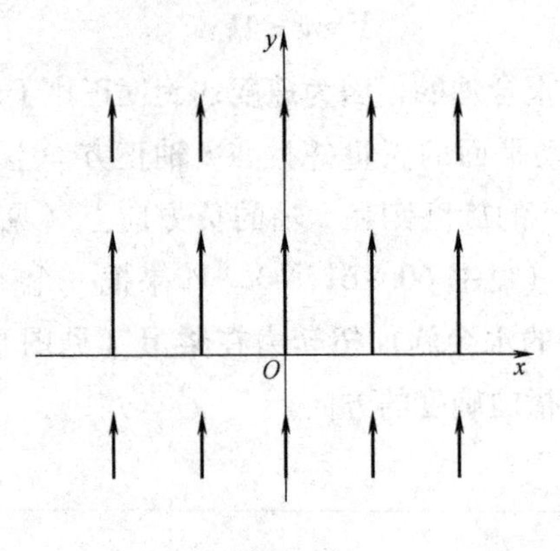

图Ⅲ-19

上一个例子比前面给出的两个例子更具技巧性，并且如果你不仔细，还可说明直觉能够误导你。设一个速度场

$$\boldsymbol{v}=\boldsymbol{j}v_0\mathrm{e}^{-x^2/\lambda^2}。$$

正如前面的例子，在这种情况下任意点处的速度都在 y 轴方向上，但是现在它随着 x 的变化而变化，而不随 y 变化（见图Ⅲ-20）。正如前面的例子，在此你不会找到旋转运动的证据并且你可能再次猜测 $\nabla\times\boldsymbol{v}=0$。但是，你应该自己能证明

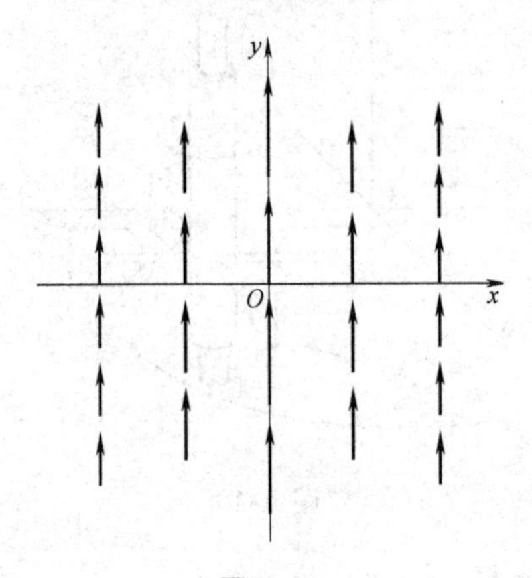

图Ⅲ-20

$$\nabla\times\boldsymbol{v}=-\boldsymbol{k}v_0\frac{2x}{\lambda^2}\mathrm{e}^{-x^2/\lambda^2}。$$

带桨小轮放在这种流动形式中都会飞出水，尽管水的运动处处都在相同方向上。

㊀ 如果 $\nabla\times\boldsymbol{v}=0$，这个流体叫做无旋度。对比 66 页脚注㊀。

原因是水的速度随着 x 的变化而变化，以至于撞击带桨小轮的其中一个桨（P，见图Ⅲ-21）比其他桨（P'）处的速度更大。因此，这将会有一个净扭力。在数学语言中，$\boldsymbol{v}\cdot\hat{\boldsymbol{t}}$ 在一个小长方体（见图Ⅲ-22）上的线积分将不等于0，因为

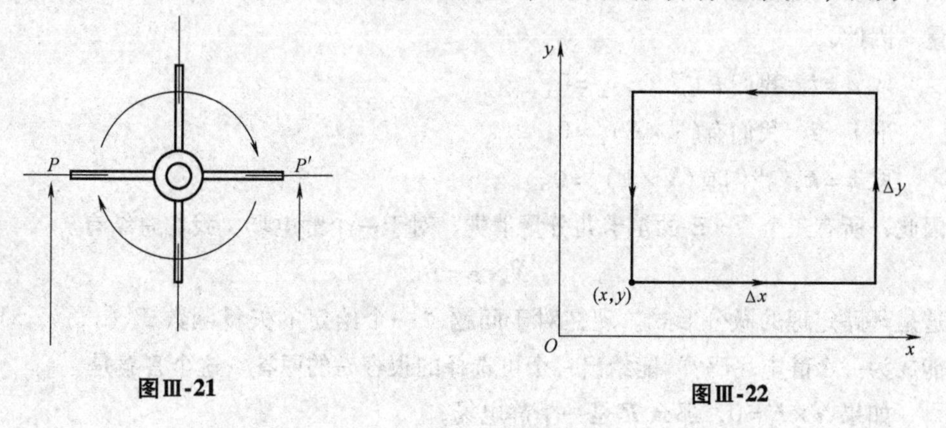

图Ⅲ-21

图Ⅲ-22

$$\int_{底}\boldsymbol{v}\cdot\hat{\boldsymbol{t}}\mathrm{d}s=\int_{顶}\boldsymbol{v}\cdot\hat{\boldsymbol{t}}\mathrm{d}s=0,$$

从另两边的积分是

$$\int_{右}\boldsymbol{v}\cdot\hat{\boldsymbol{t}}\mathrm{d}s\approx v_y(x+\Delta x)\Delta y$$

和

$$\int_{左}\boldsymbol{v}\cdot\hat{\boldsymbol{t}}\mathrm{d}s\approx -v_y(x)\Delta y。$$

这两个式子不能抵消，因为 $v_y(x)\neq v_y(x+\Delta x)$。巧合的是，你应该尽力获得使得自己满意的解释，为什么在这个例子中当 x 是一个正数（负数）时，$\nabla\times\boldsymbol{v}$ 在 z 轴的负（正）方向上，及为什么当 $x=0$ 时，$\nabla\times\boldsymbol{v}=0$。

环路定理的微分形式

旋度被定义为环积分除以面积的极限。因此，

$$\hat{\boldsymbol{n}}\cdot\nabla\times\boldsymbol{E}=\lim_{\Delta S\to 0}\frac{1}{\Delta S}\oint_C\boldsymbol{E}\cdot\hat{\boldsymbol{t}}\mathrm{d}s,$$

这里 $\hat{\boldsymbol{n}}$ 是一个单位向量，与在曲线退化为0的点处 C 所围成的曲面垂直。但是如果 $\boldsymbol{E}$ 是一个静电场，那么

$$\oint_C\boldsymbol{E}\cdot\hat{\boldsymbol{t}}\mathrm{d}s=0$$

对于任意路径 C 都成立。则

$$\hat{\boldsymbol{n}} \cdot \nabla \times \boldsymbol{E} = 0。$$

由于曲线 C 是任意的，安排 $\hat{\boldsymbol{n}}$ 是一个可以指向我们所选的任意方向上的单位向量。因此，

取 $\hat{\boldsymbol{n}} = \boldsymbol{i}$，我们有$(\nabla \times \boldsymbol{E})_x = 0$；

取 $\hat{\boldsymbol{n}} = \boldsymbol{j}$，我们有$(\nabla \times \boldsymbol{E})_y = 0$；

取 $\hat{\boldsymbol{n}} = \boldsymbol{k}$，我们有$(\nabla \times \boldsymbol{E})_z = 0$。

因此，所有三个 $\nabla \times \boldsymbol{E}$ 的笛卡儿分量消失，对于一个静电场，我们总结有

$$\nabla \times \boldsymbol{E} = 0。$$

这是环路定理的微分形式。现在对于问题“一个给定的矢量函数 $\boldsymbol{F}$（x，y，z）能成为一个静电场吗?”能给出一个可选择的很容易的回答。这个答案是

如果 $\nabla \times \boldsymbol{F} = 0$，那么 $\boldsymbol{F}$ 是一个静电场，

如果 $\nabla \times \boldsymbol{F} \neq 0$，那么 $\boldsymbol{F}$ 不是一个静电场。

显然，相比于前面的内容（58 页）这是一个更方便的判别标准，它需要确定 $\boldsymbol{F}$ 关于所有闭合路径的线积分！为了让大家熟悉这个过程，下面举几个例子。

例 1　$\boldsymbol{F} = K$（$\boldsymbol{i}y + \boldsymbol{j}x$）是一个静电场吗？（$K$ 是一个常数）这里

$$\frac{1}{K}\nabla \times \boldsymbol{F} = \boldsymbol{i}\left(\frac{\partial}{\partial y}0 - \frac{\partial x}{\partial z}\right) + \boldsymbol{j}\left(\frac{\partial y}{\partial z} - \frac{\partial}{\partial x}0\right) + \boldsymbol{k}\left(\frac{\partial x}{\partial x} - \frac{\partial y}{\partial y}\right)$$

$$= 0 \Rightarrow \nabla \times \boldsymbol{F} = 0$$

答案：是静电场。

例 2　$\boldsymbol{F} = K$（$\boldsymbol{i}y - \boldsymbol{j}x$）是一个静电场吗？由于

$$\frac{1}{K}\nabla \times \boldsymbol{F} = \boldsymbol{k}\left(-\frac{\partial x}{\partial x} - \frac{\partial y}{\partial y}\right) = -2\boldsymbol{k} = \nabla \times \boldsymbol{F} = -2\boldsymbol{k}K。$$

答案：不是静电场。

从这些例子中，能看出应用这个标准去判断静电场是很容易的。

斯托克斯定理

本章余下的内容，将从目前讨论的内容转到另一个著名的定理上来，它会使我们想起散度定理，然而它又不同于散度定理。这个定理以数学家斯托克斯的名字来命名，它将闭合路径上的线积分和盖状面路径的面积分联系起来，所以第一项工作就是去给出定义。假设有一个封闭的曲线 C，正如图Ⅲ-23a 所示，且想象

它是由金属丝制成的。

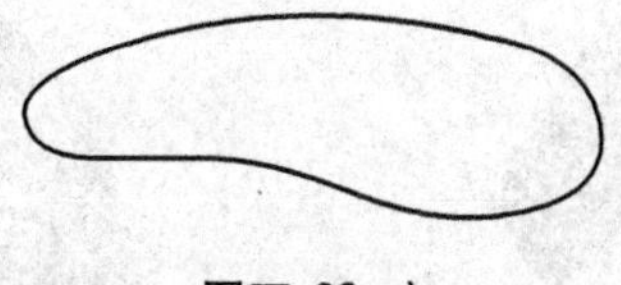

图Ⅲ-23 a)

现在假设将一个弹性膜附在如图Ⅲ-23b 所示的金属丝上。这个膜是曲线 C 的一个盖状面。靠延展这个膜所形成的任何曲面也称为盖状面，举个例子如图Ⅲ-23c 所示。图Ⅲ-24 说明了一个平面环形路径的四种不同的盖状平面：a）由圆所围成的平面区域，b）边缘为圆的一个半球，c）一个傻瓜帽状的曲面（一个直立的圆锥），和 d）一个金枪鱼罐头状的上表面和侧面。

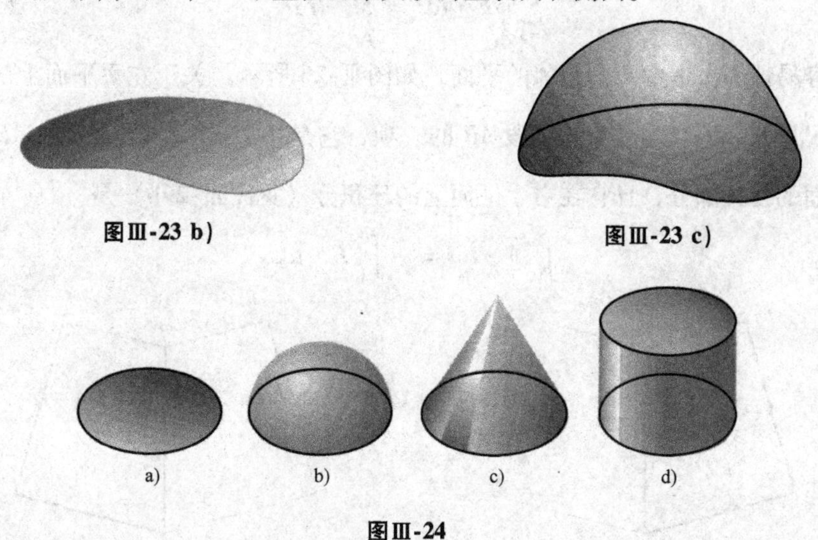

图Ⅲ-23 b)

图Ⅲ-23 c)

a)　b)　c)　d)

图Ⅲ-24

有了这些基本说明，通过考虑某个闭曲线 C 和一个盖状面 S（见图Ⅲ-25a）来开始讨论斯托克斯定理，你就不会感到惊讶。正如之前做的那样，用具有 N 个面的多面体来近似这个盖状曲面，每一个面在某点处与 S 相切（见图Ⅲ-25b）。注意这将会自动生成一个多边形（在图Ⅲ-25b 中所标记的点 P 处），近似于曲线 C。设 F（x，y，z）是一个具备良好性质的矢量函数，通过由曲线 C 和它的盖状面 S 所占据的空间区域所定义。形成 F 在 C_l 上的环积分，C_l 为多面体第 l 平面的边界：

$$\oint_{C_l} \boldsymbol{F} \cdot \hat{\boldsymbol{t}} \mathrm{d}s \text{ 。}$$

如果对于多面体的每个平面都这样做，那么将所有的环积分相加，则断定这个和

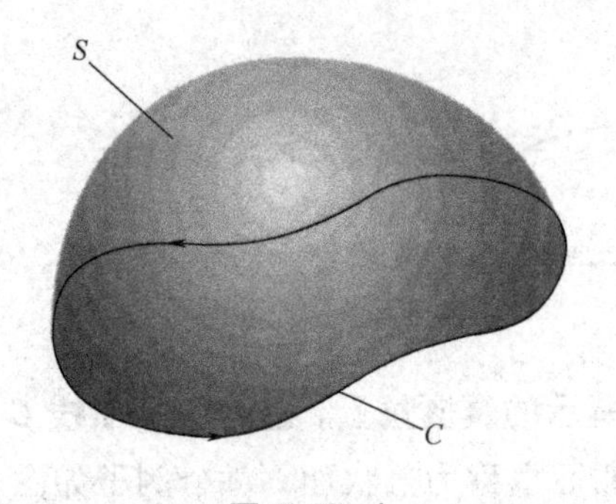

图Ⅲ-25 a)

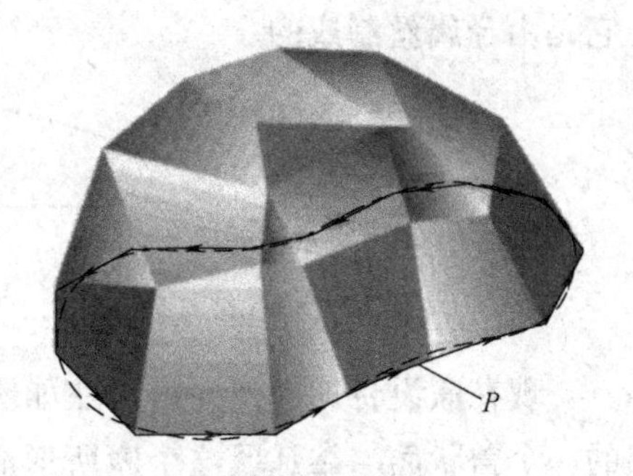

图Ⅲ-25 b)

式将与 F 在多边形 P 上的环积分相等：

$$\sum_{l=1}^{N} \oint_{C_l} \boldsymbol{F} \cdot \hat{\boldsymbol{t}} \mathrm{d}s = \oint_{P} \boldsymbol{F} \cdot \hat{\boldsymbol{t}} \mathrm{d}s \text{。} \qquad (\text{Ⅲ-9})$$

这很容易证明。考虑两个相邻的平面，如图Ⅲ-26 所示。关于左手平面上的环积分（见图Ⅲ-26a）包含来自线段 AB 的一项，它是 $\int_{A}^{B} \boldsymbol{F} \cdot \hat{\boldsymbol{t}} \mathrm{d}s$。但是线段 AB 是两个平面的公共部分，且它在右手平面上的环积分（见图Ⅲ-26b）是

$$\int_{B}^{A} \boldsymbol{F} \cdot \hat{\boldsymbol{t}} \mathrm{d}s = -\int_{A}^{B} \boldsymbol{F} \cdot \hat{\boldsymbol{t}} \mathrm{d}s \text{。}$$

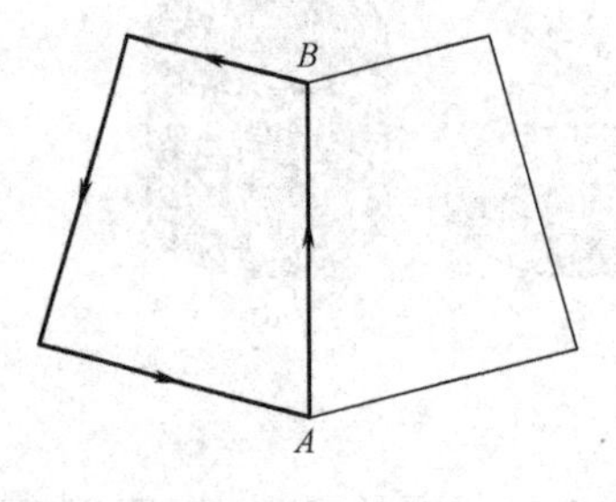

图Ⅲ-26 a)

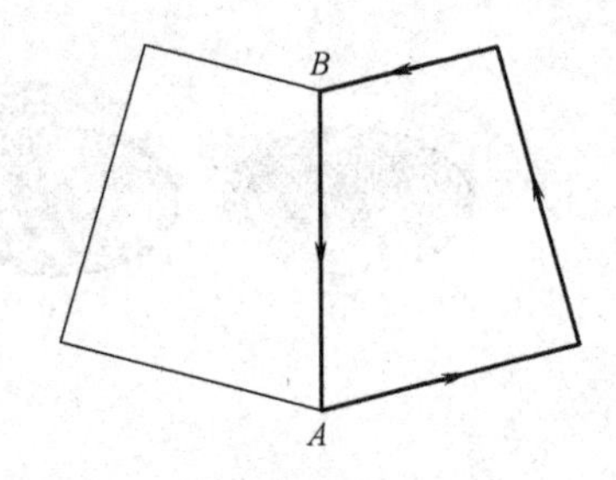

图Ⅲ-26 b)

看到穿过公共线段 AB 一种方式是它作为左手平面的边界部分，另一种方式是它作为右手平面的边界部分。因此，当 F 关于这两个平面的环积分相加时，在线段 AB 上有

$$\int_{A}^{B} \boldsymbol{F} \cdot \hat{\boldsymbol{t}} \mathrm{d}s + \int_{B}^{A} \boldsymbol{F} \cdot \hat{\boldsymbol{t}} \mathrm{d}s = 0 \text{。}$$

显然，两个相邻平面的公共线段对于方程（Ⅲ-9）的和式是没有贡献的，因为这样的线段总是产生可以相消的两项。但是所有线段都是相邻面的公共线段，除了那些组成多边形 P 的线段。这样建立了方程（Ⅲ-9）。

下面，用与证明散度定理类似的方法来证明。写出

$$\oint_P \boldsymbol{F}\cdot\hat{\boldsymbol{t}}\mathrm{d}s = \sum_{l=1}^{N}\oint_{C_l}\boldsymbol{F}\cdot\boldsymbol{t}\mathrm{d}s$$

$$= \sum_{l=1}^{N}\left[\frac{1}{\Delta S}\oint_{C_l}\boldsymbol{F}\cdot\hat{\boldsymbol{t}}\mathrm{d}s\right]\Delta S_l \qquad (Ⅲ\text{-}10)$$

这里，ΔS_l 是第 l 个面的面积。在中括号内的量近似地等于 $\hat{\boldsymbol{n}}_l\cdot(\nabla\times\boldsymbol{F})_l$，这里 $\hat{\boldsymbol{n}}_l$ 是在第 l 个面上的单位正法向量且 $(\nabla\times\boldsymbol{F})_l$ 是在与 S 相切的第 l 个面上某点上计算出的矢量函数 $\boldsymbol{F}$ 的旋度。“近似地”是因为事实上它是当方程（Ⅲ-10）中括号内的 ΔS_l 趋向于0时的极限值，它被定义为 $\hat{\boldsymbol{n}}_l\cdot(\nabla\times\boldsymbol{F})_l$。写成

$$\lim_{\substack{N\to\infty\\ \text{每个}\Delta S_l\to 0}}\sum_{l=1}^{N}\left[\frac{1}{\Delta S_l}\oint_{C_l}\boldsymbol{F}\cdot\hat{\boldsymbol{t}}\mathrm{d}s\right]\Delta S_l = \lim_{\substack{N\to\infty\\ \text{每个}\Delta S_l\to 0}}\sum_{l=1}^{N}\hat{\boldsymbol{n}}_l\cdot(\nabla\times\boldsymbol{F})l\Delta S_l$$

$$= \iint_S \hat{\boldsymbol{n}}\cdot\nabla\times\boldsymbol{F}\mathrm{d}S。 \qquad (Ⅲ\text{-}11)$$

由于曲线 C 是多边形 P 的极限形式，也有

$$\lim_{\substack{N\to\infty\\ \text{每个}\Delta S_l\to 0}}\oint_P\boldsymbol{F}\cdot\hat{\boldsymbol{t}}\mathrm{d}s = \oint_C\boldsymbol{F}\cdot\hat{\boldsymbol{t}}\mathrm{d}s。 \qquad (Ⅲ\text{-}12)$$

将方程（Ⅲ-10）、方程（Ⅲ-11）和方程（Ⅲ-12）合并，最终得出斯托克斯定理：

$$\oint_C\boldsymbol{F}\cdot\hat{\boldsymbol{t}}\mathrm{d}s = \iint_S\hat{\boldsymbol{n}}\cdot\nabla\times\boldsymbol{F}\mathrm{d}S, \qquad (Ⅲ\text{-}13)$$

这里 S 是覆盖曲线 C 的任意曲面。因此，斯托克斯定理说明了一个矢量函数在某个闭合路径上切线分量的线积分等于那个函数的旋度的法向分量在这个路径的任意盖状面上的面积分。斯托克斯定理适用的矢量函数连续可微并且在 C 和 S 上有连续导数。

举一个例子。取 $\boldsymbol{F}(x, y, z) = \boldsymbol{i}z+\boldsymbol{j}x-\boldsymbol{k}x$，$C$ 为圆心在原点半径为1的圆且位于 xOy 平面上，且 S 是由圆所围成的 xOy 平面的部分（见图Ⅲ-27a）。那么

$$\boldsymbol{F}\cdot\hat{\boldsymbol{t}}\mathrm{d}s = z\mathrm{d}x + x\mathrm{d}y - x\mathrm{d}z。$$

因此，$\oint_C\boldsymbol{F}\cdot\hat{\boldsymbol{t}}\mathrm{d}s = \oint x\mathrm{d}y$。在此之前，总是用弧长参数 s 将曲线参数化。然而，在这种情况下，路径 C 很容易地被参数化为角 θ 的形式。如图Ⅲ-27b 所示，因此，写成

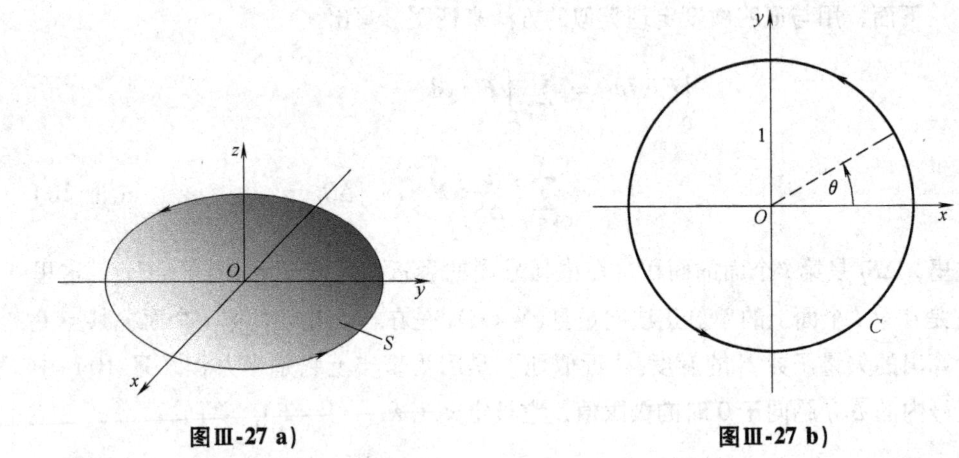

图Ⅲ-27 a)　　图Ⅲ-27 b)

$$\oint x\mathrm{d}y = \oint x\frac{\mathrm{d}y}{\mathrm{d}\theta}\mathrm{d}\theta = \int_0^{2\pi}\cos^2\theta\mathrm{d}\theta = \pi, \qquad (Ⅲ\text{-}14)$$

这里，利用 $x=\cos\theta$ 且 $y=\sin\theta$。

下面计算

$$\nabla\times\boldsymbol{F} = \begin{vmatrix} \boldsymbol{i} & \boldsymbol{j} & \boldsymbol{k} \\ \partial/\partial x & \partial/\partial y & \partial/\partial z \\ z & x & -x \end{vmatrix} = 2\boldsymbol{j}+\boldsymbol{k}$$

其中盖状面是 xOy 平面的一部分，以至于在正方向上的单位法向量是 $\hat{\boldsymbol{n}}=\boldsymbol{k}$。因此，

$$\hat{\boldsymbol{n}}\cdot\nabla\times\boldsymbol{F} = \boldsymbol{k}\cdot(2\boldsymbol{j}+\boldsymbol{k}) = 1$$

且

$$\iint_S \hat{\boldsymbol{n}}\cdot\nabla\times\boldsymbol{F}\mathrm{d}S = \iint_S \mathrm{d}S = \pi \qquad (Ⅲ\text{-}15)$$

由这个等式可看出面积分仅仅是单位圆的面积。由于这个结果［方程（Ⅲ-15）］和前一个所取得的结果［方程（Ⅲ-14）］相同，因此进一步说明了斯托克斯定理［方程（Ⅲ-13）］。

重新计算，这次选取半球面作为盖状面 S，如图Ⅲ-27c 所示。在方程（Ⅱ-13）中用 $\boldsymbol{F}$ 取代 $\nabla\times\boldsymbol{F}$，有

$$\iint_S \hat{\boldsymbol{n}}\cdot\nabla\times\boldsymbol{F}\mathrm{d}S = \iint_R\left[-2\left(-\frac{y}{z}\right)+1\right]\mathrm{d}x\mathrm{d}y$$

$$= 2\iint_R \frac{y}{z}\mathrm{d}x\mathrm{d}y + \iint_R \mathrm{d}x\mathrm{d}y$$

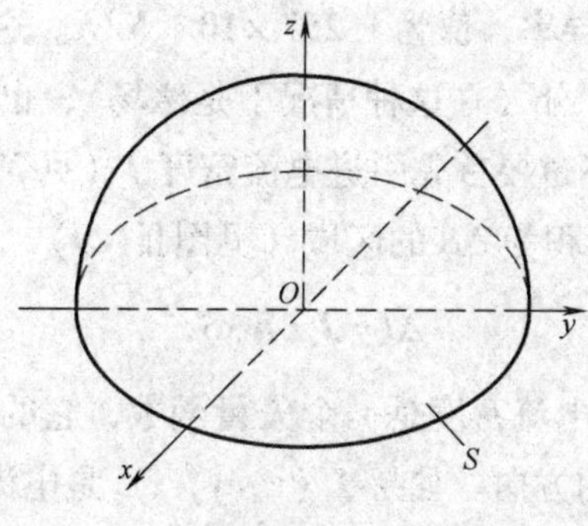

图Ⅲ-27 c)

这里 R 是 xOy 平面上的单位圆，如图Ⅲ-27a 所示。上面等式的右边第二个积分就是那个圆的面积，且它的值为 π。第一个积分可以通过引进极坐标系来求解。有

$$2\iint_R \frac{y}{z}\mathrm{d}x\mathrm{d}y = 2\iint_R \frac{y\mathrm{d}x\mathrm{d}y}{\sqrt{1-x^2-y^2}}$$

$$= 2\int_0^{2\pi}\int_0^1 \frac{r\sin\theta r\mathrm{d}r\mathrm{d}\theta}{\sqrt{1-r^2}} = 2\int_0^{2\pi}\sin\theta\mathrm{d}\theta\int_0^1 \frac{r^2\mathrm{d}r}{\sqrt{1-r^2}}$$

容易证明关于 θ 的积分是 0。因此，$\iint\limits_S \hat{\boldsymbol{n}}\cdot\nabla\times\boldsymbol{F}\mathrm{d}S=\pi$，与之前的结论一致。

斯托克斯定理的应用

斯托克斯定理的一个重要应用是安培环路定理。考虑包围电流 I 的任意闭环 C，如图Ⅲ-28 所示。注意到 C 和 I 的方向都遵循右手定则，即将 C 的方向和正的法向量与一个盖状面 C 相联系。安培环路定理表明磁场 $\boldsymbol{B}$ 的线积分是和电流相关的，因此，

$$\oint_C \boldsymbol{B}\cdot\hat{\boldsymbol{t}}\mathrm{d}s = \mu_0 I$$

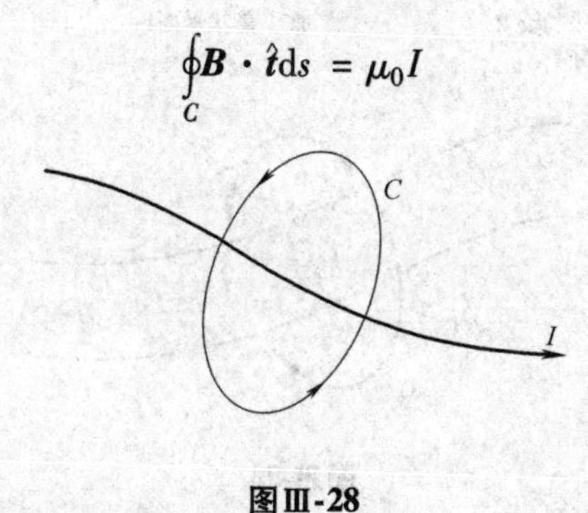

图Ⅲ-28

这里常数μ_0叫做真空磁导率，值为1.257×10^{-6}N/A。这个定理像高斯定理和环路定理一样描述了场的积分（在这种情况下是磁场），也能很容易的重新表达来求一点处的电场强度。不过要首先引进电流密度$\boldsymbol{J}$（见39页）。因此，如果电流流过一个法向量为$\hat{\boldsymbol{n}}$，面积为ΔS的区域（见图Ⅲ-29），电流密度为$\boldsymbol{J}$，则

$$\Delta I=\boldsymbol{J}\cdot\hat{\boldsymbol{n}}\Delta S,$$

这里ΔI是全部电流。即电流密度是一个矢量函数，它的大小是单位面积的电流且它的方向是电流流动的方向。如果$J(x,y,z)$是电流密度，那么通过一个

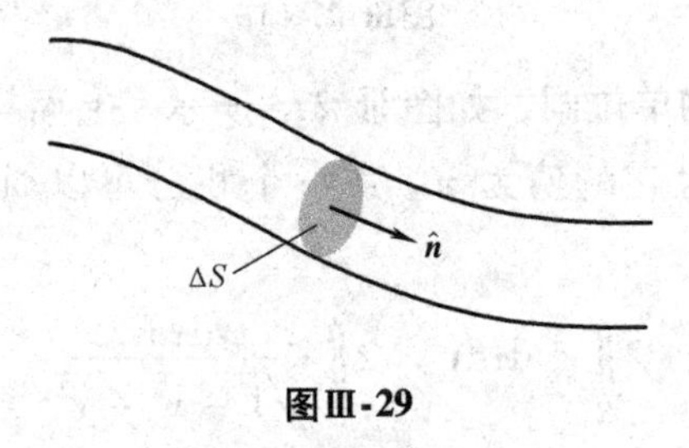

图Ⅲ-29

面S的全部电流是

$$\iint_S\boldsymbol{J}\cdot\hat{\boldsymbol{n}}\mathrm{d}S。$$

因此，安培定理可写成

$$\oint_C\boldsymbol{B}\cdot\hat{\boldsymbol{t}}\mathrm{d}s=\mu_0\iint_S\boldsymbol{J}\cdot\hat{\boldsymbol{n}}\mathrm{d}S。$$

S为任意盖曲线C的面。在通常的情况下，如果电流通过一根电线，它的横截面不包括全部盖状面，那么没有关系；如果对于面S被电线截的部分$\boldsymbol{J}\neq0$，而对于其他部分$\boldsymbol{J}=0$（见图Ⅲ-30），那么在大于电线横截面的面积上积分。因此，

$$\iint_{\text{电线的交叉部分}}\boldsymbol{J}\cdot\hat{\boldsymbol{n}}\mathrm{d}S=\iint_{\text{整个盖状平面}S}\boldsymbol{J}\cdot\hat{\boldsymbol{n}}\mathrm{d}S。$$

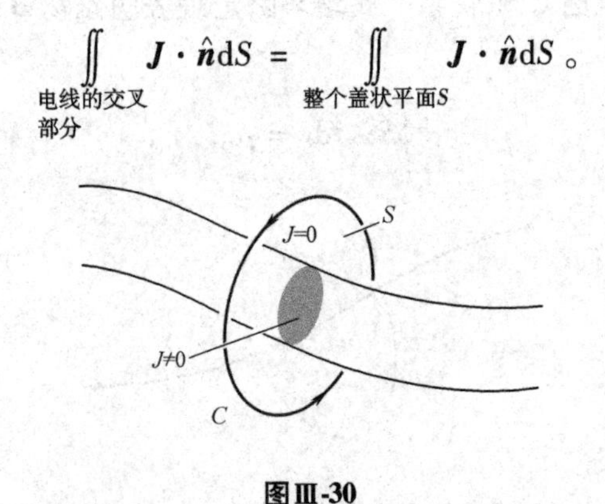

图Ⅲ-30

现在应用斯托克斯定理［方程（Ⅲ-13）］，有

$$\oint_C \boldsymbol{B} \cdot \hat{\boldsymbol{t}} \mathrm{d}S = \iint_S \hat{\boldsymbol{n}} \cdot \nabla \times \boldsymbol{B} \mathrm{d}S = \mu_0 \iint_S \hat{\boldsymbol{n}} \cdot \boldsymbol{J} \mathrm{d}S。$$

由于 C 和 S 是任意的，有

$$\nabla \times \boldsymbol{B} = \mu_0 \boldsymbol{J}。$$

这是安培定理的微分形式。当场不随时间的变化而变化时，它也是麦克斯韦方程组中方程的一种特殊情况。

斯托克斯定理和单连通区域

出于许多原因，包括某些重要的应用，必须确定斯托克斯定理能否适用于三维空间中的某个区域 D。由此希望这个定理能适应于完全落在 D 上的任意闭曲线 C 和完全落在 D 上 C 的任意盖状面。当然，这意味着函数 $\boldsymbol{F}$ 必须是连续可微的且在 D 上有连续的一阶导数。然而，除此之外，还必须对区域 D 本身有限制。为了理解这是如何出现的，首先假设 D 是一个球的内部。如果 $\boldsymbol{F}$ 在 D 的每一处都是光滑[⊖]的，那么斯托克斯定理适用于完全落在 D 上的任意闭曲线，且同样适用于完全落在 D 上 C 的任意盖状面。换言之，斯托克斯定理对于 D 上的任意位置都成立。稍动一下脑筋，你应该确信同样的道理也可以应用于两个同心球之间的区域，前提条件是假设在那个区域 $\boldsymbol{F}$ 是光滑的。但是对于某些特定种类的区域，麻烦就来了。例如，假设 D 是一个环面的内部（大概像一个硬面包圈或一个内充气筒，见图Ⅲ-31）。在这种情况下，这个问题是在 D 上构造一个封闭的曲线是可能的，这个曲线就像图中所示的那样，有这样的性质：它的盖状面完全不在 D 上。尽管 $\boldsymbol{F}$ 在 D 上是光滑的，但没有条件在它的其他地方发生，以至于在区域之外，它可能不能完全满足光滑的要求来保证斯托克斯定理的有效性。如果 $\boldsymbol{F}$ 在 S 上不是光滑的，由定理所确定的在 C 上线积分和在 S 上面积分之间的关系在许多情况下就会被破坏。

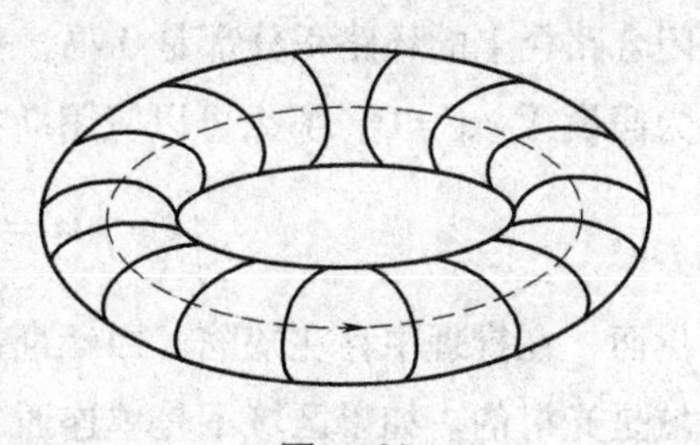

图Ⅲ-31

数学家将诸如一个球的内部或在两个同心球之间的空间称为单连通的，而一

⊖ 今后，可以认为如果一个函数是光滑的，则意味着它是连续的，可微的并且有连续的一阶导数。

个环面的内部不是单连通的。由定义，一个区域 D 是单连通的，如果完全落在 D 上的任意闭曲线退化为一点时仍然在 D 上。用这个定义，你应该能证明一个球的内部和两个同心球之间的区域都是单连通的，但是一个环面的内部不是。由于单连通的概念很容易理解，所以很容易指出能应用斯托克斯定理的区域的条件：矢量函数 $\boldsymbol{F}$ 必须在一个单连通区域 D 上处处光滑。那么斯托克斯定理［方程(Ⅲ-13)］对于任意闭曲线 C 和 C 的任意盖状面 S 都完全落在 D 上是有效的。

通常我们遇到的函数都假设是光滑的并且关注的区域是单连通的。然而，有些情况，像下一节将要讨论的，单连通性扮演着关键性的角色，当遇到时，再进一步讨论。

路径的独立性和旋度

在关于环路定理微分形式的讨论中，已经证明了因为一个静电场 $\boldsymbol{E}$ 在任意闭合路径上的线积分是0，那么 $\boldsymbol{E}$ 的旋度是0。同样对于任意矢量函数也是成立的。即，如果

$$\oint_C \boldsymbol{F}\cdot\hat{\boldsymbol{t}}\mathrm{d}s = 0$$

在所有闭合路径 C 上，那么

$$\nabla\times\boldsymbol{F}=0。$$

这个事实的证明恰好和74－75页中给出的每一处的 $\boldsymbol{E}$ 被 $\boldsymbol{F}$ 所替代是相同的。

这一陈述反过来说也成立吗？即，如果 $\nabla\times\boldsymbol{F}=0$，这是否意味着 $\boldsymbol{F}$ 在所有闭合路径上的环路积分都是0吗？一眼看上去这个问题的答案可能是正确的。因为假设 $\nabla\times\boldsymbol{F}=0$，那么可以应用斯托克斯定理并且注意到，

$$\oint_C \boldsymbol{F}\cdot\hat{\boldsymbol{t}}\mathrm{d}s = \iint_S \hat{\boldsymbol{n}}\cdot\nabla\times\boldsymbol{F}\mathrm{d}S = 0。$$

然而，在推理中存在缺陷。回忆斯托克斯定理的有效性要求 $\boldsymbol{F}$ 在一个单连通区域是光滑的。如果区域不是单连通的，斯托克斯定理可能不成立，至少对于某些落在区域上的闭曲线如此，$\nabla\times\boldsymbol{F}=0$ 这个事实不能保证 $\boldsymbol{F}$ 在所有闭合路径上的环路积分是0。要想使这一陈述反过来说也成立，可表述为，如果在一个单连通区域内的每一处都有 $\nabla\times\boldsymbol{F}=0$，那么 $\boldsymbol{F}$ 在那个区域内的所有闭合路径上的环路积分为0。这两种陈述“环积分为0”和“旋度等于0”仅仅在单连通区域内是等价的。

有一种不同但经常使用的方法来描述环路积分和旋度之间关系；$\int_C \boldsymbol{F} \cdot \hat{\boldsymbol{t}} ds$ 是路径独立的，那么 $\nabla \times \boldsymbol{F} = 0$，如果在一个单连通区域内有 $\nabla \times \boldsymbol{F} = 0$，那么 $\int_C \boldsymbol{F} \cdot \hat{\boldsymbol{t}} ds$ 是路径独立的。你应该能自己建立它们这种关系。

习题Ⅲ

Ⅲ-1　利用类似教材中库仑力（55－57 页）中给出的一个结论来证明对于任意的中心力 $\boldsymbol{F}$，$\int_C \boldsymbol{F} \cdot \hat{\boldsymbol{t}} dt$ 是路径独立的。

Ⅲ-2　在教材中通过在一个小矩形上积分得到结论

$$(\nabla \times \boldsymbol{F})_z = \frac{\partial F_y}{\partial x} - \frac{\partial F_x}{\partial y}。$$

作为路径独立这个事实的一个例子，利用图中所示的三角形路径重新推导这个结论。

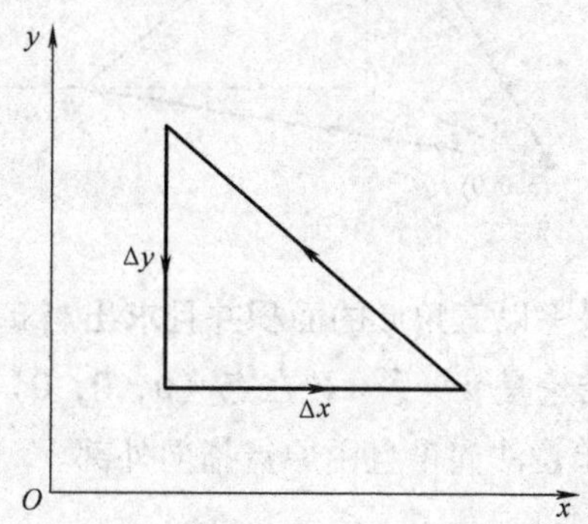

Ⅲ-3　应用方程（Ⅲ-7b）计算下列每一个函数的旋度：

（a）$\boldsymbol{i}z^2 + \boldsymbol{j}x^2 - \boldsymbol{k}y^2$

（b）$3\boldsymbol{i}xz - \boldsymbol{k}x^2$

（c）$\boldsymbol{i}e^{-y} + \boldsymbol{j}e^{-z} + \boldsymbol{k}e^{-x}$

（d）$\boldsymbol{i}yz + \boldsymbol{j}xz + \boldsymbol{k}xy$

（e）$-\boldsymbol{i}yz + \boldsymbol{j}xz$

（f）$\boldsymbol{i}x + \boldsymbol{i}y + \boldsymbol{k}(x^2 + y^2)$

（g）$\boldsymbol{i}xy + \boldsymbol{j}y^2 + \boldsymbol{k}yz$

（h）$(\boldsymbol{i}x + \boldsymbol{j}y + \boldsymbol{k}z) / (x^2 + y^2 + z^2)^{3/2}$，$(x, y, z) \neq (0, 0, 0)$

Ⅲ-4 （a）计算习题Ⅲ-3（a）中的函数在正方形路径上的积分$\oint \boldsymbol{F}\cdot\hat{\boldsymbol{t}}\mathrm{d}s$。正方形的边长为$s$，中心在点（$x_0$，$y_0$，0）处，放置于$xOy$平面中且每条边都与$x$轴或$y$轴平行。

（b）用（a）的结果除以正方形的面积并且求当$s\to 0$时极限值。把你的结论和习题Ⅲ-3（a）中得到的旋度的z分量作比较。

（c）对于习题Ⅲ-3（b），（c），（d）中的函数重复（a）和（b）的过程。（尝试不同方向或不同形状的路径，你会发现它很有趣。）

Ⅲ-5 （a）计算$\oint \boldsymbol{F}\cdot\hat{\boldsymbol{t}}\mathrm{d}s$，这里

$$\boldsymbol{F}=\boldsymbol{k}(y+y^2)$$

在如图所示的三角形的周长上（积分方向如箭头所指的方向）。

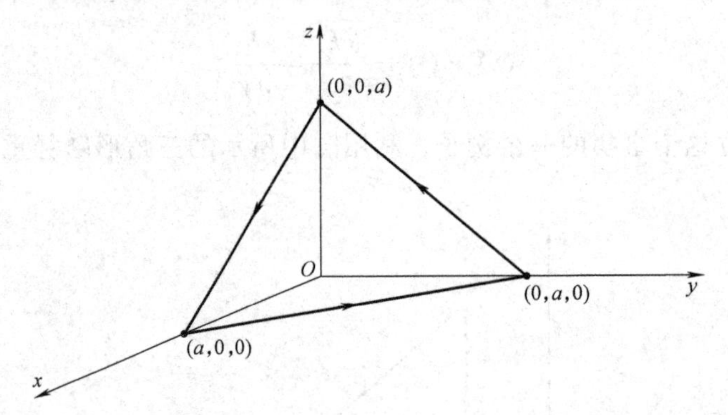

（b）用（a）的结果除以三角形的面积并且求出当$a\to 0$时极限值。

（c）证明（b）的结论是$\hat{\boldsymbol{n}}\cdot\nabla\times\boldsymbol{F}$在点（0，0，0）上计算的结果，这里$\hat{\boldsymbol{n}}$是一个和三角形垂直的单位法向量且由原点指向外部。

Ⅲ-6 证明

$$\nabla\times\frac{\mathrm{A}\times\boldsymbol{r}}{2}=\mathrm{A},$$

这里$\boldsymbol{r}=\boldsymbol{i}x+\boldsymbol{j}y+\boldsymbol{k}z$且A是一个常矢量。

Ⅲ-7 证明：$\nabla\cdot(\nabla\times\boldsymbol{F})=0$。（假设二阶混合偏导数与微分的顺序无关。例如，$\partial^2F_z/\partial x\partial z=\partial^2F_z/\partial z\partial x$。）

Ⅲ-8 本书中（63－66页）在柱面坐标系下得到$\nabla\times\boldsymbol{F}$的$z$分量。继续用同样的方式，求出在66页中给出的$\theta$分量和$r$分量。

Ⅲ-9 按照书中（63－66页）所给出的推导过程，求出在书中66页给出的球面坐标系下$\nabla\times\boldsymbol{F}$的表达式。81页给出的图有助于这一问题。

Ⅲ-10　(a) 在柱面坐标系下重新求习题Ⅲ-3 (e) 中的函数且应用 63 页所给出的表达式计算它的旋度。将你的结论转换成笛卡儿坐标系下并且和习题Ⅲ-3 (e) 的答案进行比较 (见习题Ⅱ-16)

(b) 对习题Ⅲ-3 (f) 的函数重复上面的计算。

Ⅲ-11　(a) 在球面坐标系下重新求习题Ⅲ-3 (g) 中的函数且应用 63 页给出的表达式计算它的旋度。将你的结论用笛卡儿坐标表示并且和习题Ⅲ-3 (g) 的答案进行比较 (见习题Ⅱ-17)

(b)　对习题Ⅲ-3 (h) 的函数重复上面的计算。

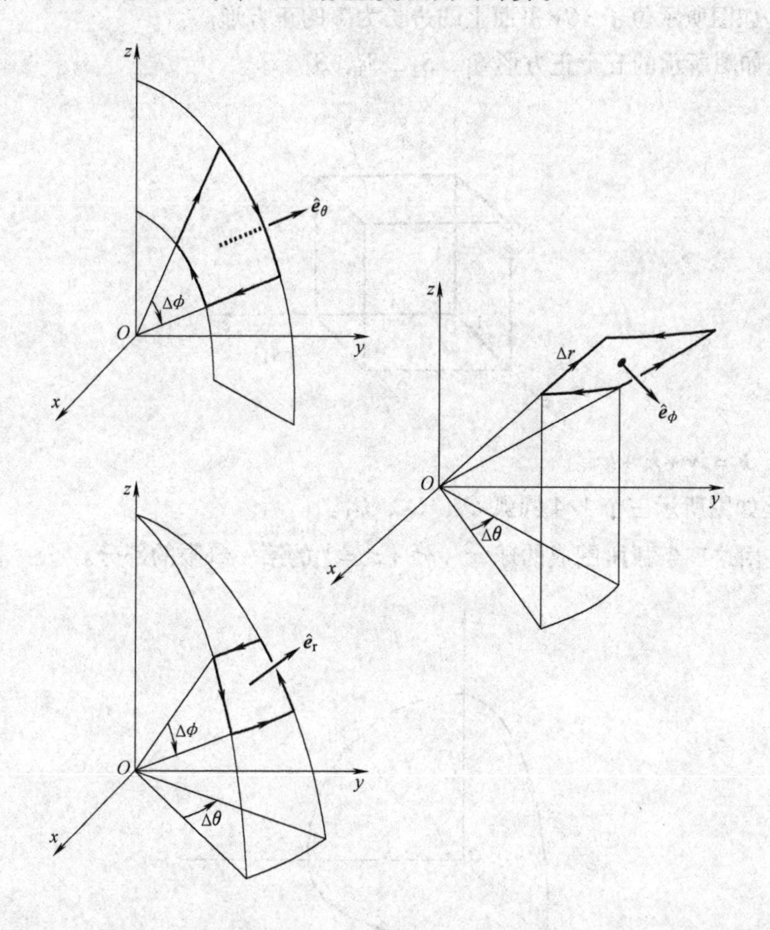

Ⅲ-12　任何向心力能够写成

$$\boldsymbol{F}(r)=\hat{\boldsymbol{e}}_r f(r)$$

的形式，这里 $\hat{\boldsymbol{e}}_r$ 是一个在矢径方向上的单位向量且 f 是一个标量函数。利用旋度的直接计算来证明这个函数是无旋的 (即，$\nabla\times\boldsymbol{F}=0$)。

Ⅲ-13　习题Ⅲ-3 中的哪个函数是静电场呢？

Ⅲ-14　应用斯托克斯公式证明

$$\oint_C \hat{\boldsymbol{t}}\mathrm{d}s = 0,$$

这里 C 是一条闭曲线且 $\hat{\boldsymbol{t}}$ 是一个与曲线 C 相切的单位向量。

Ⅲ-15　在下面每一种情况下验证斯托克斯公式 $\oint_C \boldsymbol{F}\cdot\hat{\boldsymbol{t}}\mathrm{d}s = \iint_S \hat{\boldsymbol{n}}\cdot\nabla\times\boldsymbol{F}\mathrm{d}S$：

（a）$\boldsymbol{F} = \boldsymbol{i}z^2 - \boldsymbol{j}y^2$。

C 是如图所示位于 xOy 平面上的边长为 1 的正方形。

S 是如图所示的五个正方形 S_1，S_2，S_3，S_4，S_5。

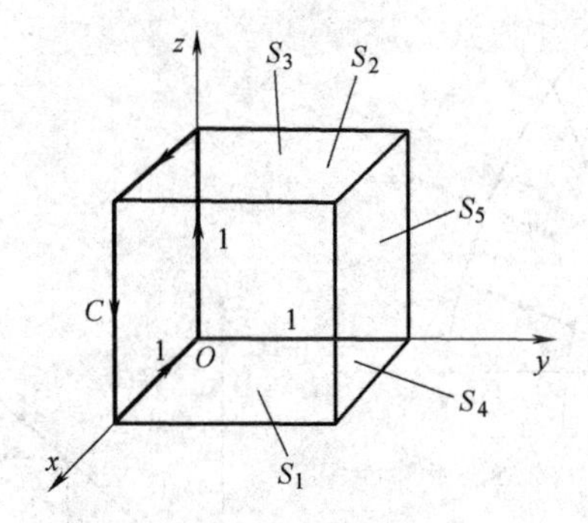

（b）$\boldsymbol{F} = \boldsymbol{i}y + \boldsymbol{j}z + \boldsymbol{k}x$。

C 是如图所示三个 1/4 圆弧 C_1，C_2，C_3。

S 是由这三条弧所围成的球 $x^2 + y^2 + z^2 = 1$ 的第一卦限的部分。

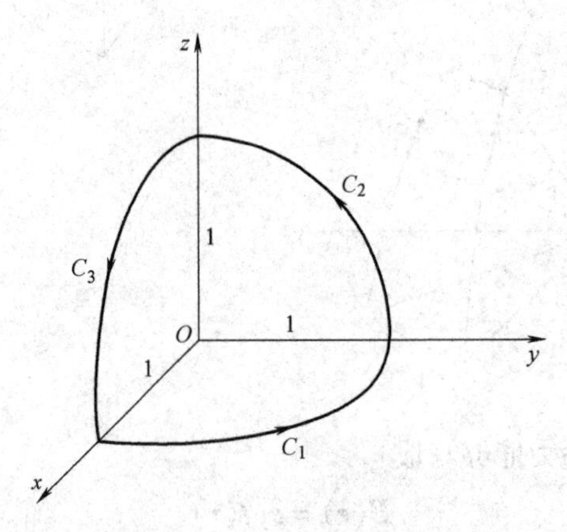

（c）$\boldsymbol{F} = \boldsymbol{i}y - \boldsymbol{j}x + \boldsymbol{k}z$。

C 是位于 xOy 平面半径为 R 的圆，它的圆心在（0，0，0），方向如图所示。

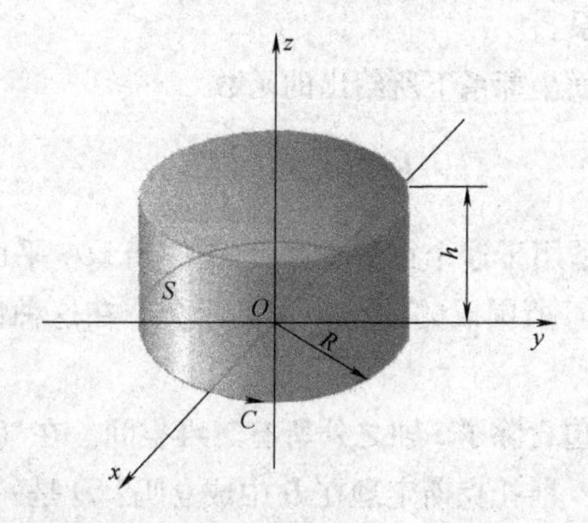

S 是半径为 R 高为 h 的圆柱的侧面和上底面。

Ⅲ-16　(a) 考虑一个矢量函数，它在两条闭曲线 C_1，C_2 上和在如图所示的由它们所围成的区域的任意盖状面 S 上处处均有这样的性质：$\nabla \times \boldsymbol{F} = 0$。证明在 C_1 上 $\boldsymbol{F}$ 的环积分等于在 C_2 上 $\boldsymbol{F}$ 的环积分。在计算这个环积分的过程中，它指向如图所示的箭头方向。

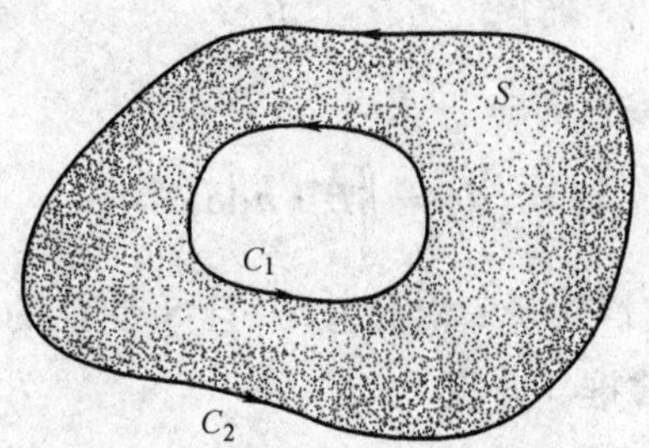

(b) 带有一个标准电流 I 的一条无限长的直电线的磁场是 $\boldsymbol{B} = (\mu_0 I/2\pi r)\hat{\boldsymbol{e}}_\theta$。证明除了在 $r = 0$ 之外其他任意点处 $\nabla \times \boldsymbol{B}$ 为 0。

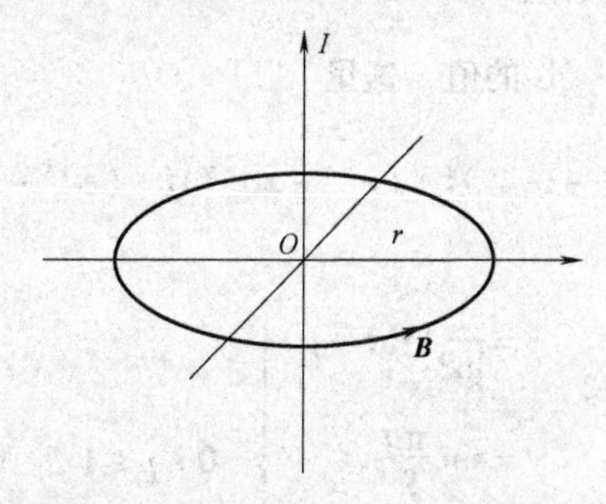

(c) 对于在 (b) 中所给出的电线的场，证明安培环路定理。[提示：利用 (b) 的结论去求在围绕一个圆的 B 的环积分，同时这条线穿过圆的圆心且和它所在的平面垂直。然后利用 (a) 的结论说明这个环积分和在包围电流的任意曲线周围的环积分之间的关系。]

Ⅲ-17 (a) 考虑在柱面坐标系下所给出的函数

$$\boldsymbol{F}(r,\theta,z)=\frac{\hat{\boldsymbol{e}}_\theta}{r}。$$

证明斯托克斯定理不适用于这个函数如果 C 是位于 xOy 平面上圆心在原点半径为 R 的圆，且 S 是由 C 所围成的 xOy 平面的部分。在这种情况下，为什么这个定理不成立呢？

(b) 考虑区域 D，它包含除了 z 轴之外所有三维空间。在 (a) 中被定义的函数 $\boldsymbol{F}$ 在 D 上是光滑的吗？斯托克斯定理在 D 中成立吗？D 是一个单连通区域吗？

Ⅲ-18 在电路 C 中的电动势 $\mathscr{E}$ 等于电场 $\boldsymbol{E}$ 在电路 C 上的环积分：

$$\mathscr{E}=\oint_C \boldsymbol{E}\cdot\hat{\boldsymbol{t}}\mathrm{d}s。$$

法拉第发现在稳定电流下，一个电动势可由一个变化的磁通量引起。即，

$$\mathscr{E}=-\frac{\mathrm{d}\Phi}{\mathrm{d}t},$$

这里

$$\Phi=\iint_S \boldsymbol{B}\cdot\hat{\boldsymbol{n}}\mathrm{d}S,$$

t 是时间（不要将它和相切矢量 $\hat{\boldsymbol{t}}$ 相混淆），且 S 是 C 的任意盖状面。利用这个已知条件和斯托克斯公式推导方程

$$\nabla\times\boldsymbol{E}=-\frac{\partial \boldsymbol{B}}{\partial t},$$

它是麦克斯韦方程组的其中一个。

Ⅲ-19 确定线积分 $\int_C \boldsymbol{F}\cdot\hat{\boldsymbol{t}}\mathrm{d}s$ 的值，这里

$$\boldsymbol{F}=(\mathrm{e}^{-y}-z\mathrm{e}^{-x})\boldsymbol{i}+(\mathrm{e}^{-z}-x\mathrm{e}^{-y})\boldsymbol{j}+(\mathrm{e}^{-x}-y\mathrm{e}^{-z})\boldsymbol{k}$$

且 C

$$\left.\begin{aligned}x&=\frac{1}{\ln 2}\ln(1+p)\\y&=\sin\frac{\pi p}{2}\\z&=\frac{1-\mathrm{e}^p}{1-\mathrm{e}}\end{aligned}\right\}\quad 0\leqslant p\leqslant 1$$

是从 (0, 0, 0) 到 (1, 1, 1) 的路径 [建议：在求解之前先想一想!]

Ⅲ-20　麦克斯韦方程是

$$\nabla \cdot \boldsymbol{E}=\rho/\varepsilon_0, \quad 和 \quad \nabla \cdot \boldsymbol{B}=0,$$

$$\nabla \times \boldsymbol{E}=-\frac{\partial \boldsymbol{B}}{\partial t}, \quad 和 \quad \nabla \times \boldsymbol{B}=\varepsilon_0\mu_0\frac{\partial \boldsymbol{E}}{\partial t}+\mu_0\boldsymbol{J}$$

这里 $\boldsymbol{E}$ 是电场，$\boldsymbol{B}$ 是磁场，ρ 是电荷密度，且 $\boldsymbol{J}$ 是电流密度。应用麦克斯韦方程推导连续方程

$$\nabla \cdot \boldsymbol{J}+\frac{\partial \rho}{\partial t}=0。$$

解释这个方程。

Ⅲ-21　电磁场储存能量，可以证明在体积 V 中，电磁场能量的数量是

$$\iiint_V \rho_E \mathrm{d}V$$

这里能量密度

$$\rho_E=\frac{1}{2}(\varepsilon_0\boldsymbol{E}\cdot\boldsymbol{E}+\boldsymbol{B}\cdot\boldsymbol{B}/\mu_0)=\frac{1}{2}(\varepsilon_0\boldsymbol{E}^2+\boldsymbol{B}^2/\mu_0)。$$

利用麦克斯韦方程（见习题Ⅲ-20）证明

$$\frac{\partial \rho_E}{\partial t}+\nabla \cdot \left(\frac{\boldsymbol{E}\times\boldsymbol{B}}{\mu_0}\right)=-\boldsymbol{J}\cdot\boldsymbol{E}。$$

解释这个方程。

Ⅲ-22　（a）将散度定理应用到函数

$$\boldsymbol{G}(x,y)=\boldsymbol{i}G_x(x,y)+\boldsymbol{j}G_y(x,y),$$

V 和 S 是如图所示的立体和面；它的下底面是 xOy 平面上的区域 R，它的上底面和它有相同的形状，并且平行，且它的边平行于 z 轴。用这种方式得到关系式

$$\oint_C G_x\mathrm{d}y-G_y\mathrm{d}x=\iint_R\left(\frac{\partial G_x}{\partial x}+\frac{\partial G_y}{\partial y}\right)\mathrm{d}x\mathrm{d}y,$$

这是散度定理在二维空间中的应用。

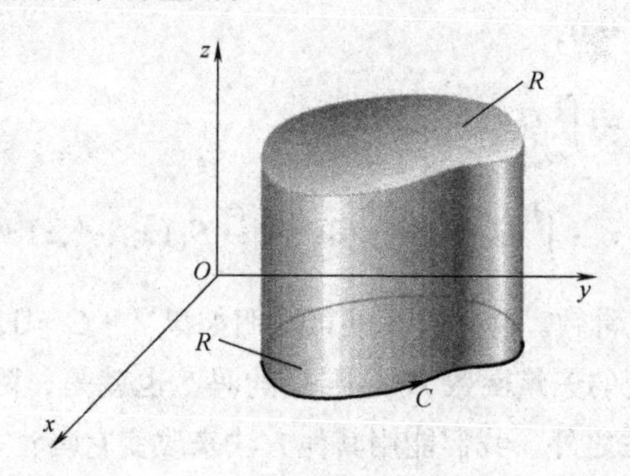

（b）将斯托克斯定理应用到函数

$$F(x,y)=iF_x(x,y)+jF_y(x,y),$$

C 是全部在 xOy 平面上的闭曲线并且 S 是由 C 所围成的 xOy 平面上的区域 R。用这种方式得到关系式

$$\oint_C F_x \mathrm{d}x - F_y \mathrm{d}y = \iint_R \left(\frac{\partial F_y}{\partial x} - \frac{\partial F_x}{\partial y} \right) \mathrm{d}x\mathrm{d}y,$$

这是斯托克斯定理在二维空间中的应用。

（c）证明在二维空间中，散度定理和斯托克斯定理是等价的。

Ⅲ-23 （a）设 C 是 xOy 平面上的一条闭曲线。函数 $\boldsymbol{F}$ 必须满足什么条件使得

$$\oint_C \boldsymbol{F} \cdot \hat{t} \mathrm{d}s = A,$$

这里 A 是由 C 所围成的区域吗？［提示：见习题Ⅲ-22。］

（b）给出函数 $\boldsymbol{F}$ 满足（a）中性质的几个例子。

（c）应用线积分求面积公式

（i）一个矩形

（ii）一个直角三角形

（iii）一个圆

（d）证明由平面曲线所围成的面积的大小为

$$\frac{1}{2}\oint_C \boldsymbol{r} \times \hat{t} \mathrm{d}s,$$

这里 $\boldsymbol{r}=\boldsymbol{i}x+\boldsymbol{j}y$。

Ⅲ-24 （a）在矢量微积分中有一个重要的定理是 $\nabla \cdot \boldsymbol{G}=0$（这里 $\boldsymbol{G}$ 是某个可微的矢量函数），等价于 $\boldsymbol{G}=\nabla \times \boldsymbol{H}$（这里 $\boldsymbol{H}$ 是另一个可微函数）。为了证明这个问题，首先注意到 $\boldsymbol{G}=\nabla \times \boldsymbol{H}$ 说明 $\nabla \cdot \boldsymbol{G}=0$（见习题Ⅲ-7）。为了证明 $\nabla \cdot \boldsymbol{G}=0$ 意味着可以写成 $G=\nabla \times \boldsymbol{H}$，最简单的程序是给出 $\boldsymbol{H}$：

$$H_x = 0,$$

$$H_y = \int_{x_0}^{x} G_z(x',y,z)\mathrm{d}x',$$

$$H_z = -\int_{x_0}^{x} G_y(x',y,z)\mathrm{d}x' + \int_{y_0}^{y} G_x(x_0,y',z)\mathrm{d}y',$$

这里 x_0 和 y_0 是任意常数。直接计算便可证明如果 $\nabla \cdot \boldsymbol{G}=0$，则 $\boldsymbol{G}=\nabla \times \boldsymbol{H}$。

（b）在（a）中出现的矢量函数 $\boldsymbol{H}$ 是唯一的吗？也就是，除了证明关系式 $\boldsymbol{G}=\nabla \times \boldsymbol{H}$ 是错误的方法之外，我们能用其他方法来改变它吗？

Ⅲ-25　确定下列情况是否可以写成 $\boldsymbol{G}=\nabla\times\boldsymbol{H}$。在可以的情况下，求 $\boldsymbol{H}$（见习题Ⅲ-24）。

（a）$\boldsymbol{G}=\boldsymbol{i}y+\boldsymbol{j}z+\boldsymbol{k}x$。

（b）$\boldsymbol{G}=B_0\boldsymbol{k}$，$B_0$ 是一个常数。

（c）$\boldsymbol{G}=\boldsymbol{i}x^2-\boldsymbol{k}y^2$。

（d）$\boldsymbol{G}=2\boldsymbol{i}x-\boldsymbol{j}y-\boldsymbol{k}z$。

（e）$\boldsymbol{G}=2\boldsymbol{i}x-\boldsymbol{j}y+\boldsymbol{k}z$。

Ⅲ-26　由于任意磁场 $\boldsymbol{B}$ 的散度是 0，我们可以写为 $\boldsymbol{B}=\nabla\times\boldsymbol{A}$（见习题Ⅲ-24）。证明 $\boldsymbol{A}$ 在任意一个封闭路径 C 的环积分等于通过覆盖 C 的任意面 S 的 $\boldsymbol{B}$ 的通量。

Ⅲ-27　应用斯托克斯公式和散度定理证明习题Ⅲ-24（a）的陈述。[提示：见下图]

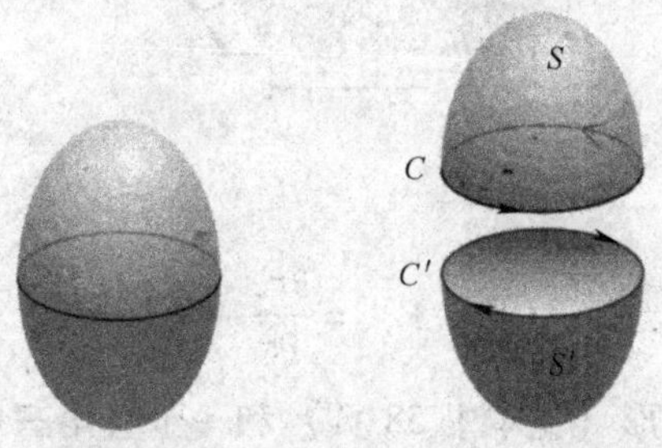

Ⅲ-28　（a）方程 $\boldsymbol{G}=\nabla\times\boldsymbol{H}$ 的积分形式是什么？[提示：将安培环路定理的微分和积分形式作比较。]

（b）在（a）中利用从习题Ⅲ-25 中选取的 $\boldsymbol{G}$ 和 $\boldsymbol{H}$ 函数，证明你的结论，积分路径和曲面自己选取。

Ⅲ-29　在本书中我们定义旋度为某个比率的极限。一个可选的定义由方程

$$\nabla\times\boldsymbol{F}=\lim_{\Delta V\to 0}\frac{1}{\Delta V}\iint_S\hat{\boldsymbol{n}}\times\boldsymbol{F}\mathrm{d}S$$

给出，这里 $\boldsymbol{F}$ 是位置的矢量函数，积分在包围体积 ΔV 的一个封闭曲面 S 上计算，且 $\hat{\boldsymbol{n}}$ 是和 S 垂直的单位向量，方向指向所围成体积的外部。（这个定义不像本书中所给出的那样，它不能显示旋度的几何意义。然而，至少在一个方面它可能是较受欢迎的：它给出了 $\nabla\times\boldsymbol{F}$ 而不仅仅是它的一个分量。）

（a）用类似于本书中处理散度问题所使用的方法，在一个立体上积分并证明上面方程（Ⅲ-7b）所给出的定义。

（b）正如我们在本书中所建立散度定理时的讨论，对于旋度应用上面的表达式来推导出方程

$$\iint_S \hat{\boldsymbol{n}} \times \boldsymbol{F} \mathrm{d}S = \iiint_V \nabla \times \boldsymbol{F} \mathrm{d}V,$$

这里 V 是由 S 所围成的体积。

（c）直接通过散度定理来推导（b）中的方程。［提示：在散度定理中，［方程（Ⅱ-30）］用 $\mathrm{e} \times \boldsymbol{F}$ 代替 $\boldsymbol{F}$，这里 e 是一个任意常向量。］

（d）证明（b）中的方程为 $\boldsymbol{F} = \boldsymbol{i}y - \boldsymbol{j}z + \boldsymbol{k}x$ 并且 V 是如图所示的单位立方体。

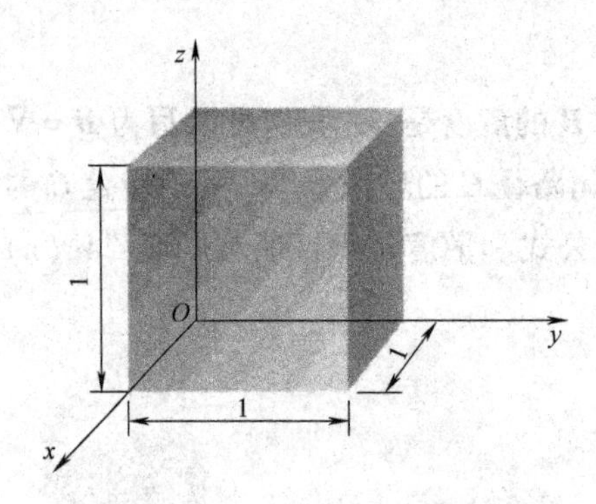

Ⅲ-30　结论

$$(\nabla \times \boldsymbol{F})_z = \frac{\partial F_y}{\partial x} - \frac{\partial F_x}{\partial y}$$

通过计算 F 在一个长方形（见本书 58 页）和一个直角三角形（见习题Ⅲ-2）周围的环积分被建立了。在这个问题中，你需要证明的是当在位于 xOy 平面上的任意闭曲线周围来计算环积分时，结论仍然成立。

（a）利用如图所示的一个多边形 P 来近似 xOy 平面上的任意闭曲线 C。用 P 将所围成的区域细分成 N 块，第 l 块的面积是 ΔS_l。依照草图便可自己确认分割的小体积只能是两种形状：矩形和直角三角形。

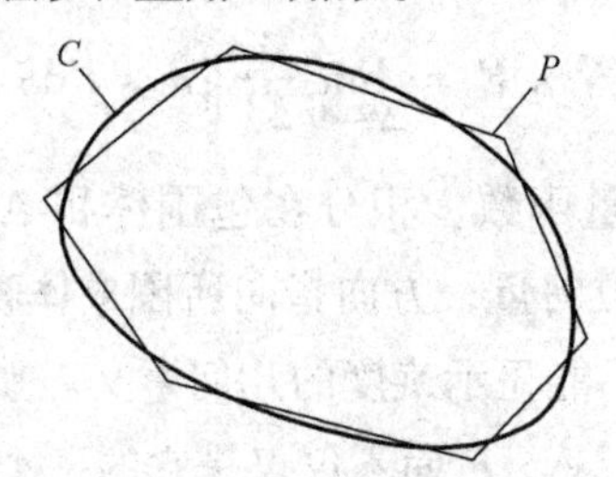

（b）设 $C(x,y) = \partial F_y / \partial x - \partial F_x / \partial y$，用泰勒展开式证明对于 N 很大和每个 ΔS_l 很小时，

$$\oint_P \boldsymbol{F} \cdot \hat{\boldsymbol{t}} \mathrm{d}s = \sum_{l=1}^{N} \oint_{C_l} \boldsymbol{F} \cdot \hat{\boldsymbol{t}} \mathrm{d}s$$

$$\cong C(x_0,y_0)\Delta A + \left(\frac{\partial C}{\partial x}\right)_{x_0,y_0}\sum_{l=1}^{N}(x_l - x_0)\Delta S_l$$

$$+\left(\frac{\partial C}{\partial y}\right)_{x_0,y_0}\sum_{l=1}^{N}(y_l - y_0)\Delta S_l + \cdots$$

这里 C_l 是第 l 块的周长，$(x_0,\ y_0)$ 是由 P 所围成的区域内某点，且 ΔA 是由 P 所围成的面积。

(c) 证明

$$\lim_{\substack{N\to\infty \\ \text{每个}\Delta S_l\to 0}}\oint_P \boldsymbol{F}\cdot\hat{\boldsymbol{t}}\mathrm{d}s = \oint_C \boldsymbol{F}\cdot\hat{\boldsymbol{t}}\mathrm{d}s$$

$$= \left[C(x_0,y_0) + (\bar{x} - x_0)\left(\frac{\partial C}{\partial x}\right)_{x_0,y_0} + (\bar{y} - y_0)\left(\frac{\partial C}{\partial y}\right)_{x_0,y_0} + \cdots\right]\Delta S$$

这里 ΔS 是由 C 所围成的区域 R 的面积，且 $(\bar{x},\ \bar{y})$ 是区域 R 重心的坐标，即

$$\bar{x} = \frac{1}{\Delta S}\iint_R x\mathrm{d}x\mathrm{d}y \quad \text{和} \quad \bar{y} = \frac{1}{\Delta S}\iint_R y\mathrm{d}x\mathrm{d}y$$

(d) 最后，计算

$$(\nabla\times\boldsymbol{F})_z = \lim_{\substack{\Delta S\to 0 \\ \text{关于}x_0,y_0}}\frac{1}{\Delta S}\oint_C \boldsymbol{F}\cdot\hat{\boldsymbol{t}}\mathrm{d}s\text{。}$$

第Ⅳ章　梯　　度

线积分和梯度

现在我们已经研究了下面两个结论的关系：

1. 对于任意闭曲线有 $\oint_C \boldsymbol{F}\cdot\hat{\boldsymbol{t}}\mathrm{d}s=0$。

2. $\nabla\times\boldsymbol{F}=0$。

在上一章可以看到由这两个结论中的第一个可以推导出第二个，并且它相当于明确肯定 $\boldsymbol{F}\cdot\hat{\boldsymbol{t}}$ 的线积分是路径独立的。我们也可以看到如果 $\boldsymbol{F}$ 在一个单连通区域上是光滑的，那么由第二个结论也可以推导出第一个。你可能认为用两种方式陈述某件事是足够的，但正如我们将要看到的，它还有第三种表达方式。

假设对于一个给定的矢量函数 $\boldsymbol{F}(x,\ y,\ z)$，与它相联系的一个标量函数是 $\psi(x,\ y,\ z)$，这两个函数的关系如下：

$$F_x=\frac{\partial\psi}{\partial x},F_y=\frac{\partial\psi}{\partial y},\text{且 }F_z=\frac{\partial\psi}{\partial z}。\tag{Ⅳ-1}$$

如果前面的关系式成立，那么线积分 $\boldsymbol{F}\cdot\hat{\boldsymbol{t}}$ 与路径独立。为了证明这个式子，我们使用方程（Ⅳ-1）中所给出的三个关系式和对于单位切向量的公式，得到

$$\boldsymbol{F}\cdot\hat{\boldsymbol{t}}=\frac{\partial\psi}{\partial x}\frac{\mathrm{d}x}{\mathrm{d}s}+\frac{\partial\psi}{\partial y}\frac{\mathrm{d}y}{\mathrm{d}s}+\frac{\partial\psi}{\partial z}\frac{\mathrm{d}z}{\mathrm{d}s}=\frac{\mathrm{d}\psi}{\mathrm{d}s},$$

这里第二个等式遵循一般的多元函数微分的链式法则。现在假设 C 为连接（x_0，y_0，z_0）和（x_1，y_1，z_1）两点的路径。那么

$$\begin{aligned}\int_C\boldsymbol{F}\cdot\hat{\boldsymbol{t}}\mathrm{d}s&=\int_C\frac{\mathrm{d}\psi}{\mathrm{d}s}\mathrm{d}s=\int_C\mathrm{d}\psi\\&=\psi(x_1,y_1,z_1)-\psi(x_0,y_0,z_0)。\end{aligned}$$

你能看到，这个结论仅仅依赖路径 C 的起点和终点。对于连接两点的任意路径都有同样的结论。这证明了我们的论断：在方程（Ⅳ-1）中 $\boldsymbol{F}$ 和 ψ 相关，$\boldsymbol{F}\cdot\hat{\boldsymbol{t}}$ 的线积分是路径独立的。这句话反过来说也是正确的，即如果 $\boldsymbol{F}\cdot\hat{\boldsymbol{t}}$ 的线积分是路径独立的，在方程（Ⅳ-1）中标量函数 $\psi(x,\ y,\ z)$ 与 $\boldsymbol{F}$ 有关。

由于线积分$\int_C \boldsymbol{F}\cdot\hat{\boldsymbol{t}}\mathrm{d}s$是路径独立的，如果从某个定点$P_0(x_0, y_0, z_0)$到另一个点$P(x, y, z)$进行积分，那么结果是关于坐标$(x, y, z)$的标量函数：

$$\psi(x,y,z) = \int_{(x_0,y_0,z_0)}^{(x,y,z)} \boldsymbol{F}\cdot\hat{\boldsymbol{t}}\mathrm{d}s \text{。} \tag{Ⅳ-2}$$

这里应该注意的是，如果积分不是路径独立的，那么这个结论是不正确的，对于积分的结果不仅依赖点P的坐标(x, y, z)，也依赖于连接P_0和P两点间的路径，那么这个积分不能用函数的形式写出。

由于正在验证的这个积分是路径独立的，所以可自由选取任意曲线作为积分路径，如图Ⅳ-1所示。它包含两个部分。第一个部分是C_0，连接P_0和中间点P_1，P_1的坐标为(a, y, z)，

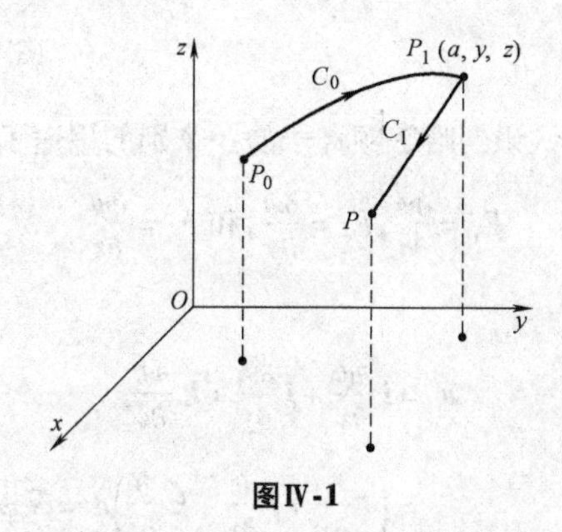

图Ⅳ-1

这里a是某个常数。除了固定它的两个端点还需要它适当光滑，对于C_0没有其他特殊要求。曲线的第二个部分是C_1，它是从P_1到P的线段。因此，方程(Ⅳ-2)变为

$$\psi(x,y,z) = \int_{P_0}^{P_1} \boldsymbol{F}\cdot\hat{\boldsymbol{t}}\mathrm{d}s + \int_{P_1}^{P} F_x(x',y,z)\mathrm{d}x' \text{。}$$

这个方程右边的第一项是与变量x独立的。实际上，第二项就是一个普通的一元积分，因为在C_1上y和z是常数。即

$$\int_{P_1}^{P} F_x(x',y,z)\mathrm{d}x' = \int_a^x F_x(x',y = \text{常数},z = \text{常数})\mathrm{d}x'$$

且

$$\begin{aligned}\frac{\partial\psi}{\partial x} &= \frac{\mathrm{d}}{\mathrm{d}x}\int_a^x F_x(x',y = \text{常数},z = \text{常数})\mathrm{d}x' \\ &= F_x(x,y,z),\end{aligned}$$

这里应用的知识是积分上限函数的导数仅仅是在极限处所计算的积分值。这样就建立了我们需要的三个关系式中的其中一个。另外两个 $F_y = \partial\psi/\partial y$ 和 $F_z = \partial\psi/\partial z$ 可同理得到，并且你应该能自己计算这些导数。图Ⅳ-2a、b 可以帮助思考。

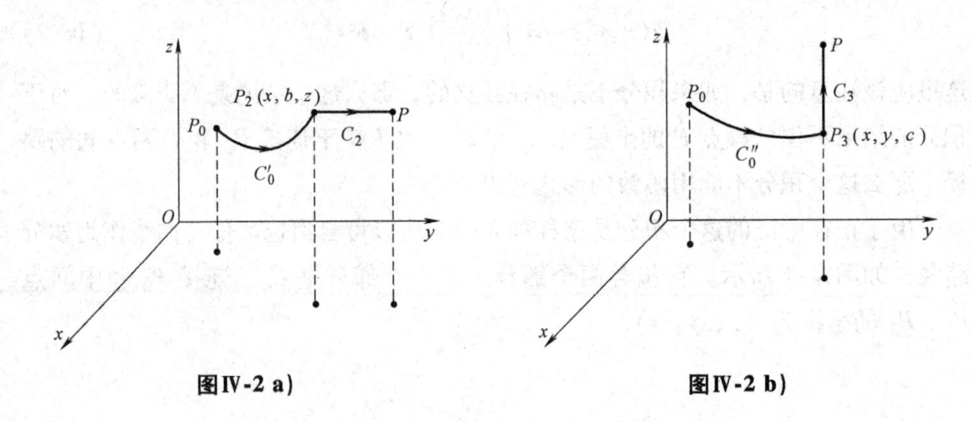

图Ⅳ-2 a)　　图Ⅳ-2 b)

至此，你可能已经认识到哈密顿算子的一个别的用途了。即，可将

$$F_x = \frac{\partial\psi}{\partial x}, F_y = \frac{\partial\psi}{\partial y}, \text{和 } F_z = \frac{\partial\psi}{\partial z}$$

组合在一起，得到

$$\boldsymbol{F} = \boldsymbol{i}\frac{\partial\psi}{\partial x} + \boldsymbol{j}\frac{\partial\psi}{\partial y} + \boldsymbol{k}\frac{\partial\psi}{\partial z}$$

$$= \left(\boldsymbol{i}\frac{\partial}{\partial x} + \boldsymbol{j}\frac{\partial}{\partial y} + \boldsymbol{k}\frac{\partial}{\partial z}\right)\psi = \nabla\psi$$

它读作“del psi”这个因子叫做梯度且有时写成 gradψ。然而，我们总用现代记号写成$\nabla\psi$。

梯度 ψ 是一个位置矢量函数。它在几何上的重要性将在后面详细讨论。

现在已经建立了路径独立性和正如 $\boldsymbol{F} = \nabla\psi$ 标量函数存在性之间的联系。由于还有一个路径独立性和 $\nabla \times \boldsymbol{F} = 0$ 之间的关系，你可能会猜测 $\nabla \times \boldsymbol{F} = 0$ 和 $\boldsymbol{F} = \nabla\psi$ 也有关系。实际上，如果 $\boldsymbol{F} = \nabla\psi$，那么在适当的条件下，$\nabla \times \boldsymbol{F} = 0$。这很容易建立。例如，考虑$\nabla \times \boldsymbol{F}$ 的 x 分量

$$(\nabla \times \boldsymbol{F})_x = \frac{\partial F_z}{\partial y} - \frac{\partial F_y}{\partial z} = \frac{\partial}{\partial y}\left(\frac{\partial\psi}{\partial z}\right) - \frac{\partial}{\partial z}\left(\frac{\partial\psi}{\partial y}\right) = \frac{\partial^2\psi}{\partial y\partial z} - \frac{\partial^2\psi}{\partial z\partial y} = 0,$$

这个等式成立的条件是如果 ψ 和它的一阶、二阶导数是连续的，那么$\partial^2\psi/\partial y\partial z = \partial^2\psi/\partial z\partial y$。显然，$\nabla \times \boldsymbol{F}$ 的另外两个分量能用同样的方式证明出也可化为零。因此，

$$F_q = \frac{\partial \psi}{\partial q}(q = x, y, z) \Rightarrow \nabla \times \boldsymbol{F} = 0。$$

上述论述的逆向是说如果$\nabla \times \boldsymbol{F} = 0$，那么存在一个标量函数$\psi$满足$\boldsymbol{F} = \nabla \psi$，前提条件是如果这是一个单连通区域，那么这个陈述是正确的。为了理解它，可以查阅图Ⅳ-3，它证明了为什么$\boldsymbol{F} \cdot \hat{t}$的线积分是路径独立的，$\nabla \times \boldsymbol{F} = 0$和$\boldsymbol{F} = \nabla \psi$是有关的。在图表中实箭头代表在一般情况下是成立的，要求$\boldsymbol{F}$是光滑的。这个虚箭头表示的含义不仅要求$\boldsymbol{F}$是光滑的，而且区域也是单连通的。文中已经证明了由（1）可以推出（2）和（3）并且在一个单连通区域内由（3）可以推出（1）。将这两个陈述合在一起，可以看出在一个单连通区域中由（3）也可以推出（2）。

实际上，经常遇到的函数一般都是具有连续的一阶导数（且因此是光滑的），所遇到的区域也都是单连通的。在这种情况下可以认为在图Ⅳ-3中总结的

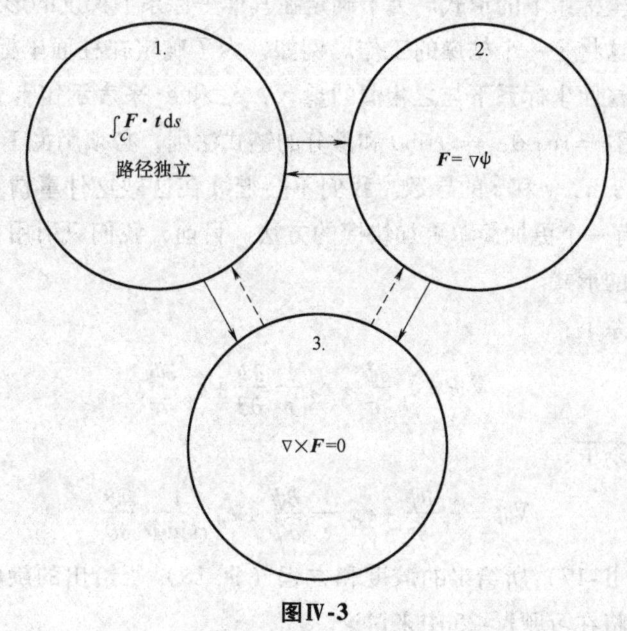

图Ⅳ-3

三个陈述是等价的：每一种都可以推出其他两种，而每一种也可由其他两种得到。然而，你应该知道这三个陈述中单连通和它们之间关系的含义。

举一个已经讨论过的例子，考虑矢量函数

$$\boldsymbol{F}(x, y, z) = \boldsymbol{i}y + \boldsymbol{j}x。$$

这个函数处处光滑，并且已经知道它的旋度是0（见70页）。根据上面所讨论的内容，这意味着一定存在一个标量函数$\psi(x, y, z)$，满足$\boldsymbol{F}$是它的梯度。因此，ψ必须满足

$$F_x = y = \frac{\partial\psi}{\partial x}, F_y = x = \frac{\partial\psi}{\partial y}, F_z = 0 = \frac{\partial\psi}{\partial z}。$$

显然，$\psi(x,y,z) = xy + C$，其中 C 是满足这些关系式的任意常数。与之形成反差的是函数 $\boldsymbol{F} = \boldsymbol{i}y - \boldsymbol{j}x$ 的情况，它的旋度并没有消失（见 71 页）。如果这个函数是一个标量函数 ψ 的梯度，可以得到

$$F_x = y = \frac{\partial\psi}{\partial x}, F_y = -x = \frac{\partial\psi}{\partial y}, F_z = 0 = \frac{\partial\psi}{\partial z},$$

那么不存在函数 ψ 满足这三个等式，这一点你能够自行确认。

一个标量函数 $\psi(x, y, z)$ 梯度的表达式，即

$$\nabla\psi = \boldsymbol{i}\frac{\partial\psi}{\partial x} + \boldsymbol{j}\frac{\partial\psi}{\partial y} + \boldsymbol{k}\frac{\partial\psi}{\partial z},$$

这是在笛卡儿坐标系下的形式。为了确定在其他坐标系下梯度的形式，如果你直接着手进行，这将是一个枯燥的工作。例如，为了确定在柱面坐标系下的梯度，首先必须用在柱面坐标系下与之相似的量 $\hat{\boldsymbol{e}}_r$，$\hat{\boldsymbol{e}}_\theta$ 和 $\hat{\boldsymbol{e}}_z$ 来表示笛卡儿矢量 $\boldsymbol{i}$，$\boldsymbol{j}$ 和 $\boldsymbol{k}$。然后，利用 $x = r\cos\theta$，$y = r\sin\theta$ 和微分的链式法则，必须用关于 r，θ，和 z 的形式来表示关于 x，y 和 z 的导数。我们不会继续在这做这件事情了，因为后面（见 110 页）有一个更加简单更加快捷的方法。目前，我们只引用在柱面和球面坐标系下梯度的形式。

柱面坐标系下：

$$\nabla\psi = \hat{\boldsymbol{e}}_r\frac{\partial\psi}{\partial r} + \hat{\boldsymbol{e}}_\theta\frac{1}{r}\frac{\partial\psi}{\partial\theta} + \hat{\boldsymbol{e}}_z\frac{\partial\psi}{\partial z}。\quad (\text{Ⅳ-3})$$

球面坐标系下：

$$\nabla\psi = \hat{\boldsymbol{e}}_r\frac{\partial\psi}{\partial r} + \hat{\boldsymbol{e}}_\Phi\frac{1}{r}\frac{\partial\psi}{\partial\Phi} + \hat{\boldsymbol{e}}_\theta\frac{1}{r\sin\Phi}\frac{\partial\psi}{\partial\theta}。\quad (\text{Ⅳ-4})$$

类似于方程（Ⅱ-17）所给出的散度和方程（Ⅲ-18）所给出的旋度一样，梯度的无坐标定义将在习题Ⅳ-25 中来讨论。

计算静电场的电场强度

通过寻找某种容易求静电场的电场强度的方法来开始有关矢量微积分的讨论。首先来看高斯定理的微分形式，

$$\nabla\cdot\boldsymbol{E} = \rho/\varepsilon_0。$$

这个表达式对于求 $\boldsymbol{E}$ 并不经常用，因为它是一个含三个变量（在笛卡儿坐标系

下 E_x，E_y 和 E_z）的方程式。那么现在我们的任务是在最终完成讨论时能够写出求电场强度最有用的方法。

最终一步还是基于观察，由于

$$\oint_C \boldsymbol{E}\cdot\hat{\boldsymbol{t}}\mathrm{d}s = 0$$

对任意闭曲线 C 成立，电场强度 $\boldsymbol{E}$ 能写成一个标量函数的梯度形式。按照惯例，这个函数叫做静电势，表示为 $\Phi(x, y, z)$，写成㊀

$$\boldsymbol{E} = -\nabla\Phi。$$

将这个方程代入高斯定理的微分形式中［方程（Ⅱ-17）］，得到

$$\nabla\cdot(-\nabla\Phi)=\rho/\varepsilon_0,$$

或

$$\nabla\cdot(\nabla\Phi) = -\rho/\varepsilon_0。$$

将这个方程的左边详细展开，有

$$\begin{aligned}\nabla\cdot(\nabla\Phi) &= \left(\boldsymbol{i}\frac{\partial}{\partial x}+\boldsymbol{j}\frac{\partial}{\partial y}+\boldsymbol{k}\frac{\partial}{\partial z}\right)\cdot\left(\boldsymbol{i}\frac{\partial\Phi}{\partial x}+\boldsymbol{j}\frac{\partial\Phi}{\partial y}+\boldsymbol{k}\frac{\partial\Phi}{\partial z}\right)\\ &=\frac{\partial^2\Phi}{\partial x^2}+\frac{\partial^2\Phi}{\partial y^2}+\frac{\partial^2\Phi}{\partial z^2}\end{aligned}$$

且

$$\frac{\partial^2\Phi}{\partial x^2}+\frac{\partial^2\Phi}{\partial y^2}+\frac{\partial^2\Phi}{\partial z^2} = -\rho/\varepsilon_0。\qquad(Ⅳ\text{-}5)$$

引进一个新的算子使方程（Ⅳ-5）能够写得更加紧凑，这个算子称为拉普拉斯算子。可以用符号∇^2来表示（读作“∇方”）。即

$$\begin{aligned}\nabla^2 = \nabla\cdot\nabla &= \left(\boldsymbol{i}\frac{\partial}{\partial x}+\boldsymbol{j}\frac{\partial}{\partial y}+\boldsymbol{k}\frac{\partial}{\partial z}\right)\cdot\left(\boldsymbol{i}\frac{\partial}{\partial x}+\boldsymbol{j}\frac{\partial}{\partial y}+\boldsymbol{k}\frac{\partial}{\partial z}\right)\\ &=\frac{\partial^2}{\partial x^2}+\frac{\partial^2}{\partial y^2}+\frac{\partial^2}{\partial z^2}\end{aligned}\qquad(Ⅳ\text{-}6)$$

用这个新的记号，方程（Ⅳ-5）表示为

$$\nabla^2\Phi = -\rho/\varepsilon_0。\qquad(Ⅳ\text{-}7)$$

方程（Ⅳ-6）提供了在笛卡儿坐标系下拉普拉斯算子的形式；在柱面和球面坐标系下它的形式将在下一节中给出。拉普拉斯算子的最佳定义可能是

$$\nabla^2 f=\nabla\cdot(\nabla f),$$

㊀ 方程中的负号放在那里不是为了增加困难而是有原因的。见 108 页的讨论。

这里 f 是某个合适的连续的位置标量函数。这个定义的最大优势在于与坐标系相独立。

方程（Ⅳ-7）叫做泊松方程。它是具有一个变量的二阶线性偏微分方程，$\Phi(x, y, z)$ 是标量函数，这代表了长期寻找确定电场强度方法的完成。剩下大量的工作是用数学的方法求解，一些简单的例子将在下一节中介绍。在任何问题中，一旦有 Φ，应用 $\boldsymbol{E} = -\nabla\Phi$ 来计算电场是很容易的。

在空间中的任一没有电荷的点处，密度 ρ 是 0 且泊松方程为

$$\nabla^2\Phi = 0。$$

这叫做拉普拉斯方程，且它比泊松方程更常用。原因是通常电荷都分布在各种不同的物体上；这产生了一个场，我们感兴趣的是从物体之间无电荷的空间中寻找潜在的电场（从它之中）。最简单的情况是，它有可能说明了“边界条件”，即在一些物体平面潜在的价值（见图Ⅳ-4）。最后，可以求出在曲面上为定值的拉普拉斯方程的解。这将在下一节中具体解释。

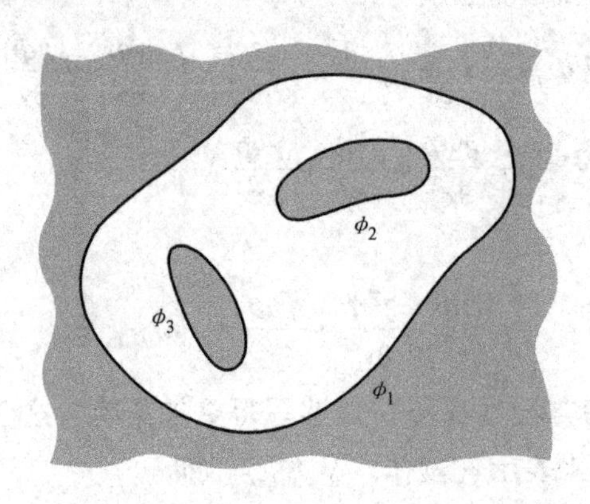

图Ⅳ-4

应用拉普拉斯方程[㊀]

在矢量微积分中能否解拉普拉斯方程是一个无实际意义的话题，但是我们整个讨论的基础是寻找计算电场的方法。由于拉普拉斯方程是研究的最终结果，因此不得不去举几个例子来说明。

首先从一个特别简单的例子开始。想象有两个非常大（无限大）平行的金

㊀ 这部分内容不是必须学习的可以省略。

属板，它们相距 s（见图Ⅳ-5）。选择了一个坐标系如图所示，设金属板在 $x=0$ 处电势为0，在 $x=s$ 处为 V_0。

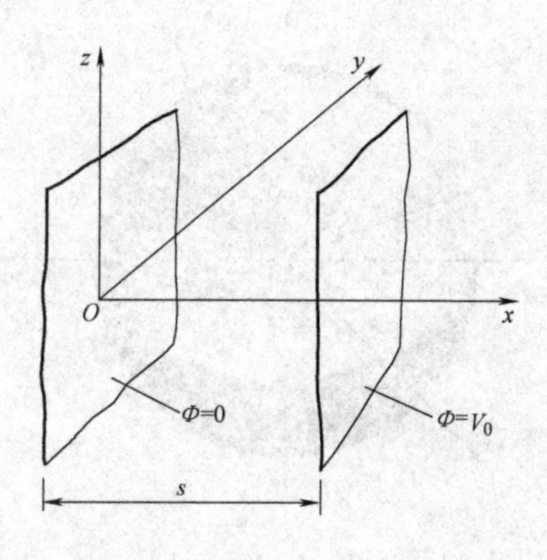

图Ⅳ-5

我们的目的是求在两块金属板之间的空间中的电势和电场。因为金属板无限大，无法区分具有相同横坐标的点（x，y，z）和其他点（x，y'，z'）。它遵循电势 Φ 依赖于 x 而不依赖于 y 或 z。因此，在这种情况下 $\nabla^2\Phi$ 化简为 $\mathrm{d}^2\Phi/\mathrm{d}x^2$，所以拉普拉斯方程和相关的边界情况为

$$\frac{\mathrm{d}^2\Phi}{\mathrm{d}x^2}=0$$

和

$$\Phi=\begin{cases}0, & 在\ x=0\\ V_0, & 在\ x=s。\end{cases}$$

这是一个简单的问题，结论是

$$\Phi(x)=\frac{V_0x}{s}。$$

应用 $\boldsymbol{E}=-\nabla\Phi$ 能求出电场，有

$$E_x=-\frac{V_0}{s}\quad 和\quad E_y=E_z=0。$$

因此，电场是与金属板垂直的一个常向量。这是一个在两个金属板之间而又不远离它边界的电势和电场的很好近似。金属板的线性维度与它们分开的距离相比是大的。你可以把它看作一个并联的电容器。

第二个例子是球面电容器，即两个半径为 R_1 和 R_2 的同心球，内球的电势保持为 V_0 且外球的电势为0（见图Ⅳ-6）。需要计算在两个球之间的每一处的电势

和电场。在这种情况下，

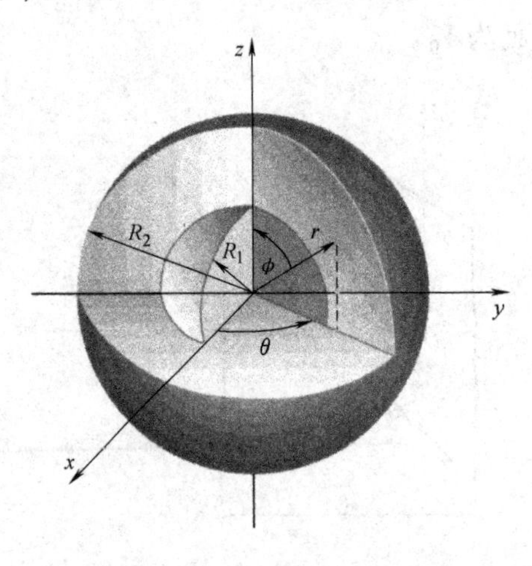

图Ⅳ-6

显然利用球面坐标 r，θ 和 Φ 来计算更好，在两球之间的拉普拉斯方程为

$$\nabla^2\Phi=\frac{1}{r^2}\frac{\partial}{\partial r}\left(r^2\frac{\partial\Phi}{\partial r}\right)+\frac{1}{r^2\sin\phi}\frac{\partial}{\partial\phi}\left(\sin\phi\frac{\partial\Phi}{\partial\phi}\right)+\frac{1}{r^2\sin^2\phi}\frac{\partial^2\Phi}{\partial\theta^2}=0。$$

（见习题Ⅳ-23）按照这种情况不需要去解这个方程；因为 Φ 只能是 r 的一个函数，不能区分具有相同的 r 而不同的 θ 和 ϕ 的点（r，θ，ϕ）和另一点（r，θ'，ϕ'）。因此，

$$\frac{\partial\Phi}{\partial\theta}=\frac{\partial\Phi}{\partial\phi}=0$$

拉普拉斯方程化简为

$$\frac{1}{r^2}\frac{\mathrm{d}}{\mathrm{d}r}\left(r^2\frac{\mathrm{d}\Phi}{\mathrm{d}r}\right)=0 \tag{Ⅳ-8}$$

我们感兴趣的是这个方程的解，其中 $R_1<r<R_2$ 且满足边界条件

$$\Phi(r)=\begin{cases}V_0, & 在\ r=R_1,\\ 0, & 在\ r=R_2。\end{cases}$$

用 r^2 乘以方程（Ⅳ-8）且 $\psi=\mathrm{d}\Phi/\mathrm{d}r$，我们有

$$\frac{\mathrm{d}}{\mathrm{d}r}(r^2\psi)=0,$$

且

$$r^2\psi=c_1,$$

这里 c_1 是一个常数。因此，

$$\psi = \frac{\mathrm{d}\Phi}{\mathrm{d}r} = \frac{c_1}{r^2},$$

其中

$$\Phi = -\frac{c_1}{r} + c_2, \tag{Ⅳ-9}$$

这里 c_2 是另一个常数。利用边界条件，得到

$$-\frac{c_1}{R_1} + c_2 = V_0 \text{ 和 } -\frac{c_1}{R_2} + c_2 = 0。$$

因此，

$$c_1 = \frac{V_0 R_1 R_2}{R_1 - R_2} \quad \text{和} \quad c_2 = \frac{V_0 R_1}{R_1 - R_2}。$$

将它们代入电势的表达式中［方程（Ⅳ-9)］，得到

$$\Phi(r) = \frac{V_0 R_1}{R_1 - R_2}\left(1 - \frac{R_2}{r}\right), \quad R_1 < r < R_2。$$

为了计算电场，必须利用 Φ 的梯度，并且它在球面坐标系下很容易求出［见方程（Ⅳ-4)］。然而，因为这里的 Φ 仅依赖于 r，所以只能得到一个径向分量：

$$E_r = -\frac{\mathrm{d}\Phi}{\mathrm{d}r} = -\frac{V_0 R_1 R_2}{R_1 - R_2}\frac{1}{r^2},$$

$$E_\theta = E_\Phi = 0, (R_1 < r < R_2)。$$

第三个也是最后一个例子比之前的例子要复杂（也更有趣）。如果一个电势差保持在两个“无限大”的平行金属板 P 和 P' 之间（见图Ⅳ-7），那么从第一个例子中可以知道在它们之间的电场是一个和金属板垂直的常向量。选择如图所示的一个坐标系（z 轴在书页所在的平面外部），有 $\boldsymbol{E} = E_0 \boldsymbol{i}$，这里 E_0 是一个常数。假设一个“无限”长的圆柱体被放置在两个金属板之间，电势为 0，它的轴沿着 z 轴的方向。假设它的半径 R 与金属板之间的距离相比是很小的。在圆柱体

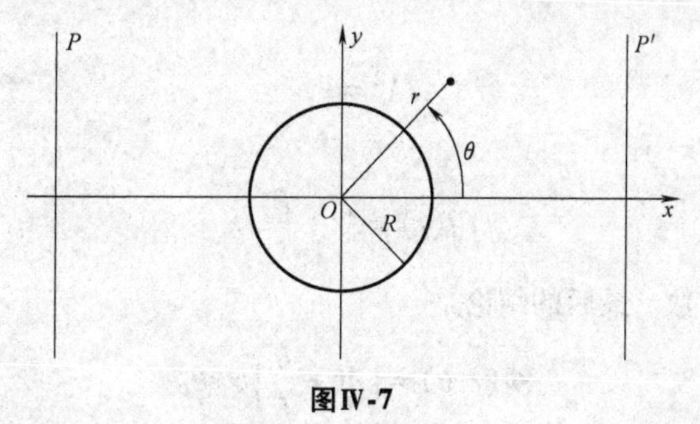

图Ⅳ-7

外部和在金属板之间的电势和电场是多少？这里，显然应该使用柱面坐标 (r, θ, z)，那么拉普拉斯方程写成

$$\nabla^2 \Phi = \frac{1}{r}\frac{\partial}{\partial r}\left(r\frac{\partial \Phi}{\partial r}\right) + \frac{1}{r^2}\frac{\partial^2 \Phi}{\partial \theta^2} + \frac{\partial^2 \Phi}{\partial z^2} = 0。$$

（见习题Ⅳ-21）在这种情况下 Φ 一定是与 z 无关的，所以这个方程可以简化为

$$\frac{1}{r}\frac{\partial}{\partial r}\left(r\frac{\partial \Phi}{\partial r}\right) + \frac{1}{r^2}\frac{\partial^2 \Phi}{\partial \theta^2} = 0。\qquad (Ⅳ\text{-}10)$$

有两个边界条件，第一个是

$$\Phi(r,\theta) = 0, 在\ r = R。$$

第二个条件与 r 的取值有关，如果 r 很大时柱体的影响可以忽略不计且电场一定有一个很好的近似值，如果柱体完全不存在，它会变成 $E_0\boldsymbol{i}$。根据电势来计算，注意到

$$\Phi = -E_0 x$$

能提供这样的一个场。由于 $x = r\cos\theta$，可将第二个边界条件写成

$$\Phi(r,\theta) = -E_0 r\cos\theta, r \gg R。\qquad (Ⅳ\text{-}11)$$

对于这个问题，试着去解拉普拉斯方程［方程（Ⅳ-10）］，由假设可以写成

$$\Phi(r,\theta) = f(r)\cos\theta, \qquad (Ⅳ\text{-}12)$$

这里 $f(r)$ 是一个目前未知的函数。这样构造是因为第二个边界条件［方程（Ⅳ-11）］有确定的形式——一个关于 r 的函数乘以 $\cos\theta$。如果将方程（Ⅳ-12）代入方程（Ⅳ-10）中，这个结果是一个关于函数 $f(r)$ 的微分方程：

$$\frac{d^2 f}{dr^2} + \frac{1}{r}\frac{df}{dr} - \frac{1}{r^2}f = 0。$$

将 $f(r) = r^\lambda$ 代入，其中 λ 是一个常数，有

$$\lambda(\lambda-1)r^{\lambda-2} + \lambda r^{\lambda-2} - r^{\lambda-2} = 0$$

或

$$\lambda^2 = 1,$$

且 $\lambda = \pm 1$。因此，有

$$f(r) = Ar + \frac{B}{r},$$

这里 A 和 B 是常数。最后的结论是

$$\Phi(r,\theta) = \left(Ar + \frac{B}{r}\right)\cos\theta。$$

第一个边界条件要求

$$AR+\frac{B}{R}=0,$$

或

$$B=-AR^2。$$

因此，

$$\Phi(r,\theta)=Ar\cos\theta-\frac{AR^2}{r}\cos\theta。$$

利用第二个条件，注意到对于 r 很大时，在上一个方程中的第二项比起第一项来说可以忽略。因此，

$$\Phi(r,\theta)\approx Ar\cos\theta, r\text{ 很大时。}$$

为了满足第二个边界条件选取 $A=-E_0$。因此，完整的解为

$$\Phi(r,\theta)=-E_0r\left(1-\frac{R^2}{r^2}\right)\cos\theta。$$

为了计算电场，通常要应用 $\boldsymbol{E}=-\nabla\Phi$。利用方程（Ⅳ-3），有

$$E_r=-\frac{\partial\Phi}{\partial r}=E_0\left[1+\left(\frac{R}{r}\right)^2\right]\cos\theta,$$

$$E_\theta=-\frac{1}{r}\frac{\partial\Phi}{\partial\theta}=-E_0\left[1-\left(\frac{R}{r}\right)^2\right]\sin\theta,$$

$$E_z=-\frac{\partial\Phi}{\partial z}=0。$$

你应该能证明当 r 很大时，电场根据需要可化简为 $E_0\boldsymbol{i}$。

你可能发现最后一个例子让人感到担忧，因为在计算电势时应用了很多聪明的猜测。实际上，这种问题中，有标准的程序或多或少可以直接得到答案。然而，这些程序的讨论冗长并且（有点老生常谈）超出了教材的范围。然而，有一点值得说一下：满足适当边界条件的拉普拉斯方程的解是唯一的。那就是说，它有且仅有一个解，因此如果你依靠猜测和技巧来解一个问题，而其他人用数学技巧来解这个问题，尽管他们用完全不同的方法，但这两个解是完全相同的。在习题Ⅳ-24 中，你将得到这个事实的一个证明。

方向导数和梯度

引进了梯度是作为讨论线积分路径独立性的一种有用的数学方法。现在为了描述它的几何特性，我们更加仔细地研究梯度。

开始讨论之前，要对泰勒展开式做一些说明，主要因为它对于后面的讨论将要用到。对于一个连续可微的一元标量函数，有

$$f(x+\Delta x)=f(x)+\Delta x f'(x)+\frac{1}{2}(\Delta x)^2 f''(x)+\cdots。$$

这说明在某点 $x+\Delta x$ 处的函数值（通常）能够写成涉及在某个其他点 x 处的函数和它的导数的无穷多项的和。在一些问题中，泰勒展开式对于计算是很有用的，因为如果有两个点很接近时（即如果 Δx 很小），那么能在某些项（希望它是很少的）之后将这个展开式其余项忽略不计。由于忽略的每一项与很小的数 Δx 的某高次方成正比，因此把这些忽略的项相加所得到的也是一个可忽略的值。

泰勒展开式也能被表示成多元函数的形式。因此，对于一个二元函数，有

$$f(x+\Delta x,y+\Delta y)=f(x,y)+\Delta x\frac{\partial f}{\partial x}+\Delta y\frac{\partial f}{\partial y}+\cdots。\qquad (\text{Ⅳ-13})$$

这说明在某点（$x+\Delta x$，$y+\Delta y$）处的函数值（通常）能够写成涉及在某个其他点（x，y）处的函数和它的导数的无穷多项的和。对于这个数列剩余的项［在方程（Ⅳ-13）用点来表示］将不需要知道它的具体形式。然而，应该知道这些项包含很小的数 Δx 和 Δy 的高阶项（例如 Δx^2，Δy^2，$\Delta x\Delta y$，Δx^3，Δy^3，$\Delta x^2\Delta y$ 等等）。将这些内容记住，现在转向本节主要讨论的内容上来。

考虑某个函数 $z=f(x, y)$。在几何上，它表示如图Ⅳ-8a 所示的一个曲面。设（x，y）是 xOy 平面上点 P 的坐标。在这点上方的曲面的高度可由虚线 PQ 的长度来表示；即 $PQ=z=f(x, y)$。假设现在在 xOy 平面上距点 P 不远处取一个新的点 P'，它的坐标为（$x+\Delta x$，$y+\Delta y$）。设 Δs 为这两点的距离（$\Delta s=PP'$）。

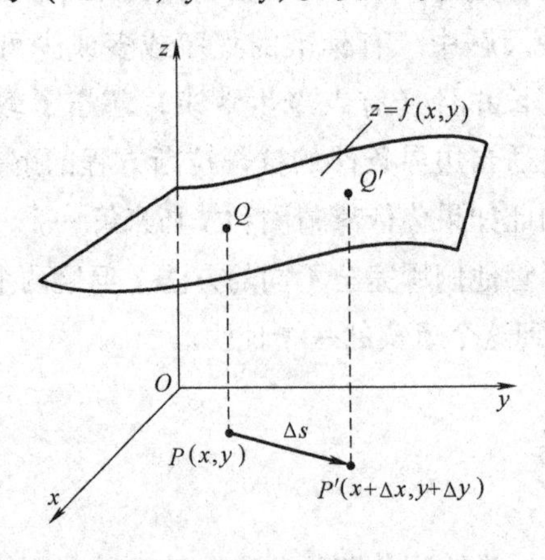

图Ⅳ-8 a)

下一步要讨论的是在这两点处分别所对应的函数值改变了多少。显然，这个变化是两个高度 PQ 和 $P'Q'$的差，即

$$P'Q' - PQ \equiv \Delta f = f(x+\Delta x, y+\Delta y) - f(x,y)。$$

利用泰勒展开式说明上面的表达式［方程（Ⅳ-13）］，有

$$\begin{aligned}\Delta f &= f(x,y) + \Delta x \frac{\partial f}{\partial x} + \Delta y \frac{\partial f}{\partial y} + \cdots - f(x,y) \\ &= \Delta x \frac{\partial f}{\partial x} + \Delta y \frac{\partial f}{\partial y}\end{aligned}$$

现在利用另外的符号重写这个表达式。设 $\Delta \boldsymbol{s}$ 是一个从点 P 到 P'的向量，它的长度是 Δs。显然，

$$\Delta \boldsymbol{s} = \boldsymbol{i}\Delta x + \boldsymbol{j}\Delta y。$$

f 的梯度是

$$\nabla f = \boldsymbol{i}\frac{\partial f}{\partial x} + \boldsymbol{j}\frac{\partial f}{\partial y}$$

（这是一个二元甚至三元函数的梯度符号）。立即有

$$\Delta f = (\Delta \boldsymbol{s}) \cdot (\nabla f) + \cdots。$$

将方程合并，设 $\hat{\boldsymbol{u}}$ 是 $\Delta \boldsymbol{s}$ 方向上的单位向量。那么

$$\Delta \boldsymbol{s} = \hat{\boldsymbol{u}}\Delta s$$

且

$$\Delta f = (\hat{\boldsymbol{u}} \cdot \nabla f)\Delta s + \cdots,$$

所以

$$\frac{\Delta f}{\Delta s} = \hat{\boldsymbol{u}} \cdot \nabla f + \cdots。$$

现在将这个方程取极限，有

$$\frac{\mathrm{d}f}{\mathrm{d}s} \equiv \lim_{\Delta s \to 0} \frac{\Delta f}{\Delta s} = \hat{\boldsymbol{u}} \cdot \nabla f。 \qquad (\text{Ⅳ-14})$$

这里不再需要符号“$+\cdots$”，因此这些点表示的项当 Δs 趋向于 0 时它们也趋向于 0。

这个新的表达式［方程（Ⅳ-14）］有一个简单的解释：它是在 $\Delta \boldsymbol{s}$ 方向（即 $\hat{\boldsymbol{u}}$ 的方向）上的函数 $f(x,\ y)$ 的变化率。重新画图Ⅳ-8a 使一个平面通过 P 和 P' 且和 z 轴平行（见图Ⅳ-8b），与曲面 $z=f(x,\ y)$ 交于曲线 C。在方程（Ⅳ-14）中所定义的量 $\mathrm{d}f/\mathrm{d}s$ 是曲线在点 Q 处的斜率。

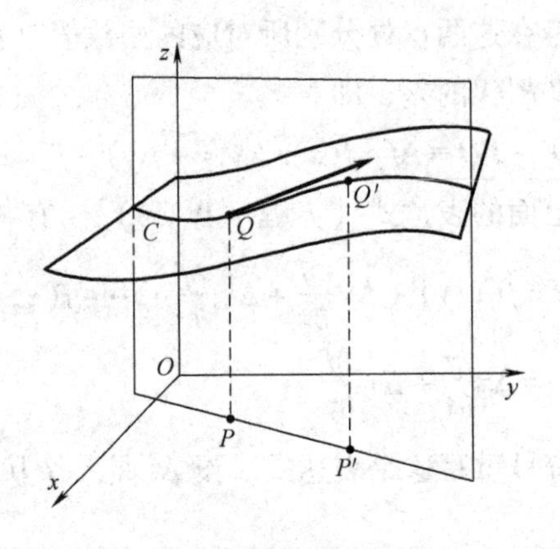

图Ⅳ-8 b）

$\mathrm{d}f/\mathrm{d}s$ 这个量叫做 f 的方向导数。不仅之前所给出的分析能使这个导数适用于二元函数，而且这个结论同样能全部应用于三元（或多元）函数。因此，

$$\frac{\mathrm{d}}{\mathrm{d}s}F(x,y,z)=\hat{\boldsymbol{u}}\cdot\nabla F$$

是函数 $F(x,\ y,\ z)$ 在由单位向量 $\hat{\boldsymbol{u}}$ 所指明的方向上的变化率。

下面举一个关于方向导数的例子。将处理一个二元函数以便能做出它的图像。因此，设函数

$$z=f(x,y)=(x^2+y^2)^{1/2},$$

它是一个倒立的圆锥，它的轴沿着 z 轴（见图Ⅳ-9a）。寻找在由 $\hat{\boldsymbol{u}}=\boldsymbol{i}\cos\theta+\boldsymbol{j}\sin\theta$ 所确定的方向上的这个函数在点 $x=a$ 和 $y=b$ 处的方向导数（图Ⅳ-9b）。首先需要求出 $f(x,\ y)$ 的梯度。

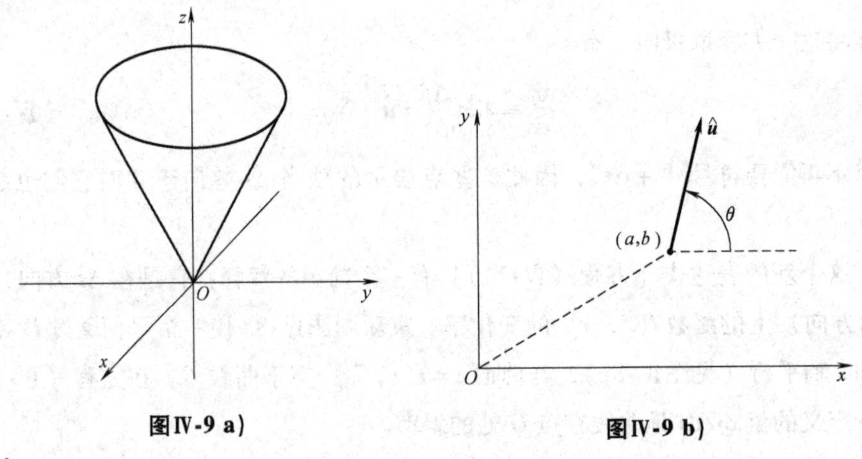

图Ⅳ-9 a）

图Ⅳ-9 b）

$$\frac{\partial f}{\partial x}=\frac{x}{z}\text{且}\frac{\partial f}{\partial y}=\frac{y}{z},$$

你应该能容易地证明它。因此，

$$\nabla f=\frac{\boldsymbol{i}x+\boldsymbol{j}y}{z}$$

且

$$\frac{\mathrm{d}f}{\mathrm{d}s}=\hat{\boldsymbol{u}}\cdot\nabla f=\frac{x\cos\theta+y\sin\theta}{z}\longrightarrow\frac{a\cos\theta+b\sin\theta}{\sqrt{a^2+b^2}}。$$

假设 θ 被选取以至于 $\hat{\boldsymbol{u}}$ 是在径向方向，如图Ⅳ-9c 所示。这意味着

$$\cos\theta=\frac{a}{(a^2+b^2)^{1/2}},$$

$$\sin\theta=\frac{b}{(a^2+b^2)^{1/2}},$$

且

$$\frac{\mathrm{d}f}{\mathrm{d}s}=\frac{a}{\sqrt{a^2+b^2}}\cdot\frac{a}{\sqrt{a^2+b^2}}+\frac{b}{\sqrt{a^2+b^2}}\cdot\frac{b}{\sqrt{a^2+b^2}}=1。$$

这个结果的重要性可从图Ⅳ-9d 中看出。

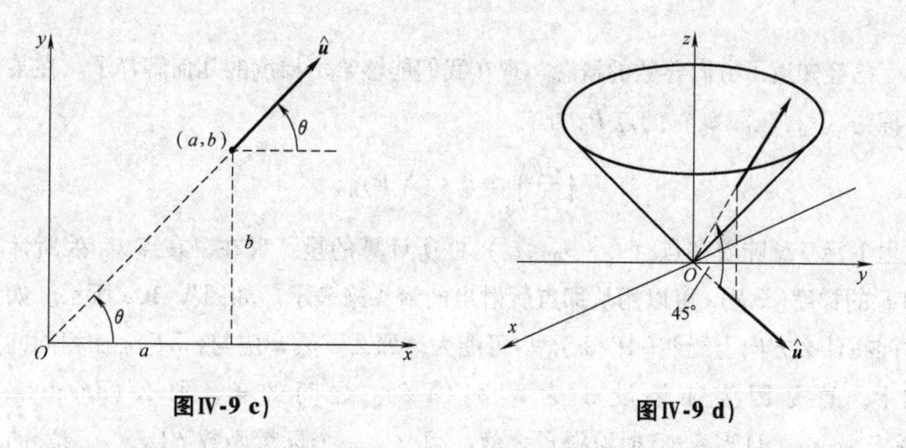

图Ⅳ-9 c)

图Ⅳ-9 d)

第二个有趣的例子是所选取的 $\hat{\boldsymbol{u}}$ 是与前一个例子的方向垂直的（见图Ⅳ-9e）。那么有

$$\cos\theta=\frac{a}{(a^2+b^2)^{1/2}},$$

$$\sin\theta=\frac{b}{(a^2+b^2)^{1/2}},$$

且

$$\frac{\mathrm{d}f}{\mathrm{d}s}=\frac{a}{\sqrt{a^2+b^2}}\cdot\left(-\frac{b}{\sqrt{a^2+b^2}}\right)+\frac{b}{\sqrt{a^2+b^2}}\cdot\left(\frac{a}{\sqrt{a^2+b^2}}\right)=0。$$

这个结果的意义在图Ⅳ-9f 中说明。

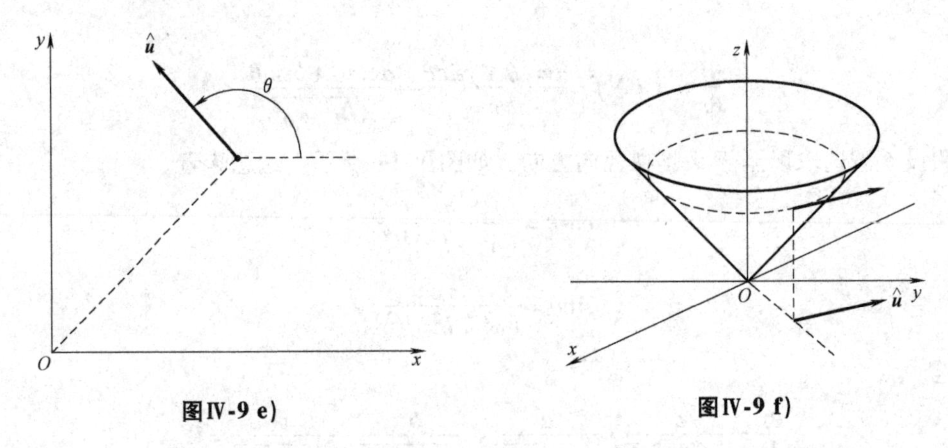

图Ⅳ-9 e)　　图Ⅳ-9 f)

梯度的几何意义

已经知道了方向导数的概念，现在我们能够给出梯度的几何解释了。在某个坐标为（x_0，y_0，z_0）的点 P_0 处有

$$\left(\frac{\mathrm{d}F}{\mathrm{d}s}\right)_0=\hat{\boldsymbol{u}}\cdot(\nabla F)_0,$$

这里下标 0 意味着在点（x_0，y_0，z_0）处所计算的量。现在，在点 P_0 处所计算的 F 的梯度$(\nabla F)_0$ 可以用从那点所射出的箭头来表示，如图Ⅳ-10a 所示。如果要问在什么方向上能使$(\mathrm{d}F/\mathrm{d}s)_0$ 尽可能大，那么显然 $\hat{\boldsymbol{u}}$ 应与$(\nabla F)_0$ 在相同的方向上。这是因为如果设 α 为 $\hat{\boldsymbol{u}}$ 和$(\nabla F)_0$ 之间的角，那么$(\mathrm{d}F/\mathrm{d}s)_0=|\nabla F|_0\cos\alpha$，且当 $\alpha=0$ 时取得最大值。因此，一个标量函数 $F(x, y, z)$ 的梯度是一个矢量，它的方向是沿着 F 增长率变化最快的方向，它的大小等于在那个方向上的增长率。

为了说明梯度的意义，让我们回到之前所讨论的倒立的圆锥 $z=f(x, y)=(x^2+y^2)^{1/2}$。可以知道

$$\nabla f=\frac{\boldsymbol{i}x+\boldsymbol{j}y}{z}$$

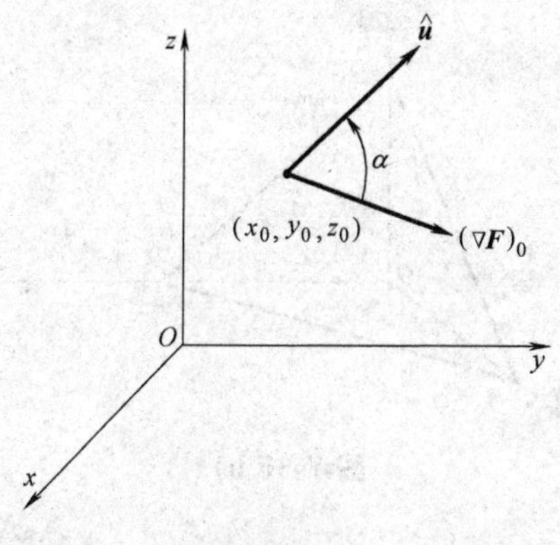

图Ⅳ-10 a)

且

$$\frac{\mathrm{d}f}{\mathrm{d}s}=\frac{a\cos\theta+b\sin\theta}{\sqrt{a^2+b^2}}\equiv D(\theta)。$$

为了寻找$f(x, y)$增长率变化最快的方向，对它求导

$$\frac{\mathrm{d}D}{\mathrm{d}\theta}=\frac{-a\sin\theta+b\cos\theta}{\sqrt{a^2+b^2}}=0。$$

可以得到 $\tan\theta=b/a$，此时 $\cos\theta=a/(a^2+b^2)^{1/2}$ 且 $\sin\theta=b/(a^2+b^2)^{1/2}$。所以 $(\mathrm{d}F/\mathrm{d}s)_{\max}=1$。另一方面，

$$|\nabla f|=\left[\frac{x^2+y^2}{z^2}\right]^{1/2}=1,$$

因为 $z^2=x^2+y^2$。此外，$\tan\theta=b/a$ 对应方向 $a\boldsymbol{i}+b\boldsymbol{j}$，而在点$(a, b)$处，

$$\nabla f=\frac{a\boldsymbol{i}+b\boldsymbol{j}}{(a^2+b^2)^{1/2}},$$

它是一个在相同方向上的矢量。说明了梯度的两个性质：它的方向是沿着增长率变化最快的方向，它的大小等于在那个方向上的增长率。

作为解释梯度的第二个例子，考虑如图Ⅳ-10b 所示的平面 $z=f(x, y)=1-x-y$。容易发现 $\nabla f=-\boldsymbol{i}-\boldsymbol{j}$。利用 $\hat{\boldsymbol{u}}=\boldsymbol{i}\cos\theta+\boldsymbol{j}\sin\theta$，则发现 $\mathrm{d}f/\mathrm{d}s=\hat{\boldsymbol{u}}\cdot\nabla f=-\cos\theta-\sin\theta\equiv D(\theta)$。因此

$$\frac{\mathrm{d}D}{\mathrm{d}\theta}=\sin\theta-\cos\theta=0,$$

由它得到 $\theta=\pi/4$ 或 $5\pi/4$。二阶导数的计算说明 $\pi/4$ 对应着最小值而 $5\pi/4$ 对应着最大值。可以从图Ⅳ-10b 中发现增长率的最大值就是在角的大小为 $5\pi/4$ 处。此外，增长率的最大值是

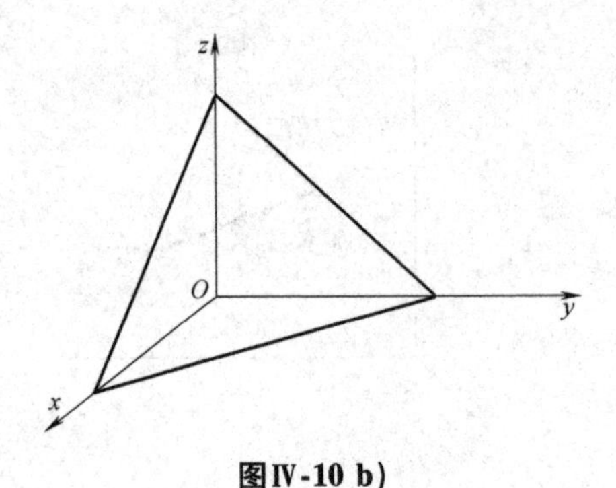

图Ⅳ-10 b)

$$\left(\frac{\mathrm{d}f}{\mathrm{d}s}\right)_{\max}=D(5\pi/4)=\sqrt{2},$$

然而$|\nabla f|=|-\boldsymbol{i}-\boldsymbol{j}|=\sqrt{2}$。梯度的两个性质由这个例子得到再一次说明。

利用梯度的几何解释，现在能够发现在方程$\boldsymbol{E}=-\nabla\Phi$出现负号的原因：由于$\nabla\Phi$是在$\Phi$增加方向上的一个矢量，在一个正电荷$q$上的力$\boldsymbol{F}=q\boldsymbol{E}=-q\nabla\Phi$，它在$\Phi$减少的方向上。因此，这个负号确保一个正电荷从一个较高的电势向下移动到一个较低的电势上。

在理解梯度的几何意义上，有另一个有用的梯度性质。为了使这个讨论具体化，设$T(x, y, z)$是一个在任意一点(x, y, z)处温度的标量函数。全部具有相同温度T_0的点的位置（在最简单的情况下）是一个方程为$T(x, y, z)=T_0$的曲面（见图Ⅳ-11）。这叫做等温面。现在证明∇T是一个垂直于等温面的矢量。设C是位于等温面上的任意一条曲线并且点P是C上的任意一点。设$\hat{\boldsymbol{u}}$是在点P处与曲线C相切的单位向量（这并不意味着它的方向沿着曲线C）。在$\hat{\boldsymbol{u}}$方向上的方向导数是

$$\left(\frac{\mathrm{d}T}{\mathrm{d}s}\right)=\hat{\boldsymbol{u}}\cdot\nabla T=0,$$

因为T并不随着等温面的移动而改变。如果两个非零的矢量的数量积为0，那么这两个矢量是垂直的。因此在点P处∇T与C垂直。同理可得，它与在曲面上通过点P的任意曲线都垂直（例如图Ⅳ-11中的C'）。但是只有当∇T在点P与等温面垂直时，它才是正确的。那么一般情况下，$f(x, y, z)$是一个标量函数，$\nabla f(x, y, z)$垂直于曲面$f(x, y, z)=$常数[⊖]。

⊖ 梯度的性质和对于垂直于平面【方程（Ⅱ-4)】的单位向量较早的表达式之间的联系是习题Ⅳ-20的主题。

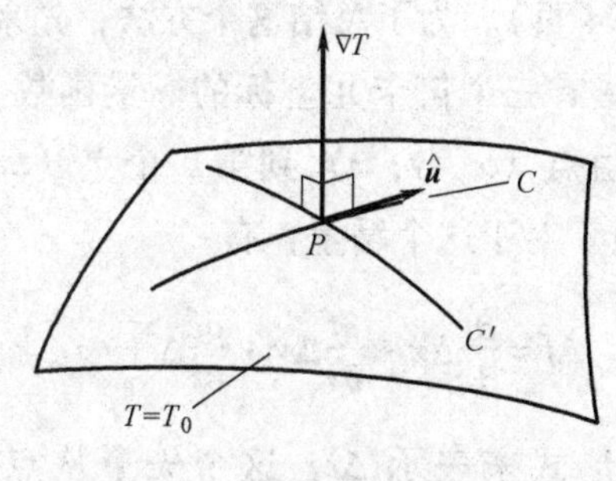

图Ⅳ-11

针对梯度的这个性质举一个简单例子，考虑函数 $F(x, y, z) = x^2 + y^2 + z^2$。这个曲面 $F(x, y, z)$ = 常数，显然是一个球面（假设这个常数是一个正数）。你应该可以自己证得，$\nabla F = 2(\boldsymbol{i}x + \boldsymbol{j}y + \boldsymbol{k}z) = 2\boldsymbol{r}$。因此，可以得到一个熟悉的结论：垂直于一个球面的矢量是沿着矢径的方向。把这个问题留给读者自己思考：静电场 $\boldsymbol{E}$ 和它的等位面 $\Phi(x, y, z)$ = 常数之间的几何关系。

可以在刚才讨论的梯度的性质和沿着增长率变化最快的方向这二者之间建立一个简单的联系。来自曲面 $f(x, y, z)$ = 常数上点的任意位移可看作是一个矢量 $\boldsymbol{s}$，它能够分解为一个沿着曲面（$s_{||}$）的分量和一个垂直于曲面（$s_{\perp}$）的分量，如图Ⅳ-12 所示。如果移动的目的是引起函数值 $f(x, y, z)$ 的改变，那么位移沿着曲面的部分是“无用的移动”。只有垂直的分量能使它离开这个曲面并且引起 f 的改变。由此可以知道：对于给定大小的位移，它可能增加最大的地方出现在与曲面垂直的方向上。但是已经证明了在梯度的方向上增长率变化最快，因此梯度垂直于这个曲面。

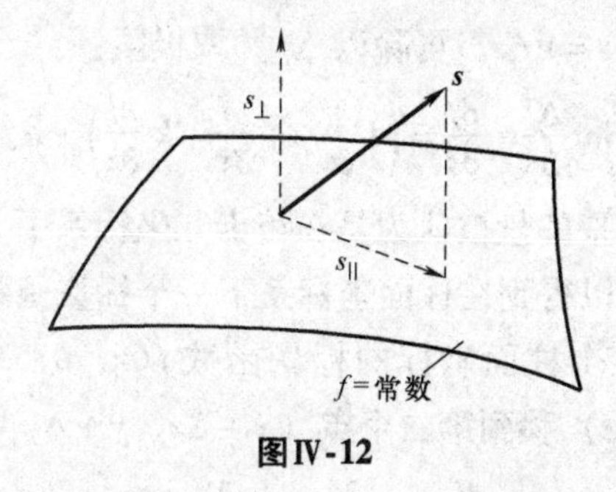

图Ⅳ-12

柱面和球面坐标系下的梯度

在方向导数的讨论中提到了在柱面和球面坐标系下计算梯度的一个“更简

洁更快速”的方法（见94页）。为了总结这个方法，先来概述 df/ds 的导数[⊖]：

1. 第一步考虑一个具有三个笛卡儿坐标的标量函数 $f(x, y, z)$，并且利用泰勒展开式来确定一个由点（x，y，z）到第二个点（$x+\Delta x$，$y+\Delta y$，$z+\Delta z$）的位移所引起的 f 的增量。对于这个增量，有

$$\Delta f=\frac{\partial f}{\partial x}\Delta x+\frac{\partial f}{\partial y}\Delta y+\frac{\partial f}{\partial z}\Delta+\cdots。$$

2. 下一步用 $\Delta\boldsymbol{s}$ 的形式来表示 Δf，这个矢量从点（x，y，z）移动到点（$x+\Delta x$，$y+\Delta y$，$z+\Delta z$）。显然（见图Ⅳ-13），

$$\Delta\boldsymbol{s}=\boldsymbol{i}\Delta x+\boldsymbol{j}\Delta y+\boldsymbol{k}\Delta z,$$

以至于

$$\Delta f=\left(\boldsymbol{i}\frac{\partial f}{\partial x}+\boldsymbol{j}\frac{\partial f}{\partial y}+\boldsymbol{k}\frac{\partial f}{\partial z}\right)\cdot\Delta\boldsymbol{s}+\cdots。$$

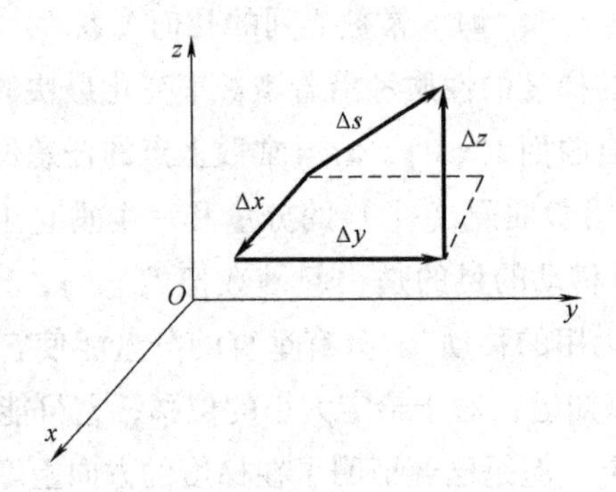

图Ⅳ-13

3. 最后，可以写 $\Delta\boldsymbol{s}=\hat{\boldsymbol{u}}\Delta s$，再除以 Δs 并取极限：

$$\lim_{\Delta s\to 0}\frac{\Delta f}{\Delta s}\equiv\frac{\mathrm{d}f}{\mathrm{d}s}=\left(\boldsymbol{i}\frac{\partial f}{\partial x}+\boldsymbol{j}\frac{\partial f}{\partial y}+\boldsymbol{k}\frac{\partial f}{\partial z}\right)\cdot\hat{\boldsymbol{u}}。$$

在上一个式子中与 $\hat{\boldsymbol{u}}$ 点乘的量被认为是在笛卡儿坐标系下 f 的梯度。

用同样的方式也可以得到在柱面坐标系下一个标量函数的梯度：

1. 考虑一个含有三个柱面坐标的标量函数 $f(r, \theta, z)$。利用泰勒展开式，可以得到从点（x，y，z）移到第二个点（$x+\Delta x$，$y+\Delta y$，$z+\Delta z$）的 f 的增量：

$$\Delta f=\frac{\partial f}{\partial r}\Delta r+\frac{\partial f}{\partial\theta}\Delta\theta+\frac{\partial f}{\partial z}\Delta z+\cdots。$$

⊖ 这里简要列出的计算适合于一个三元函数，并且它是101-103页上的计算的一个简单的一般化，它能处理一个二元函数。

2. 下面，利用 $\Delta \boldsymbol{s}$ 的形式来表示 Δf。这是计算的核心。从图Ⅳ-14 我们有

$$\Delta \boldsymbol{s}=\hat{\boldsymbol{e}}_r\Delta r+\hat{\boldsymbol{e}}_\theta r\Delta\theta+\hat{\boldsymbol{e}}_z\Delta z。$$

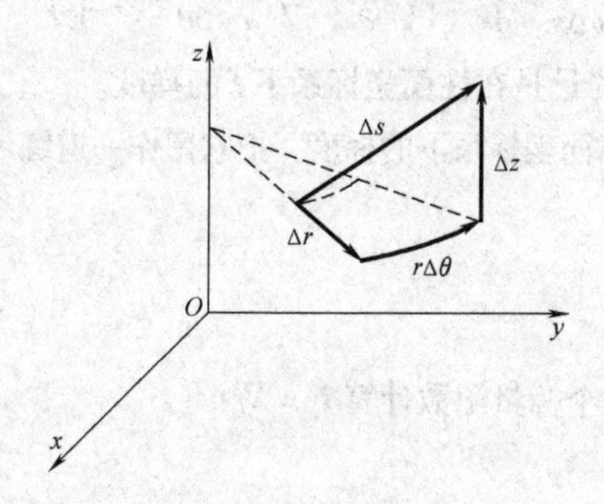

图Ⅳ-14

下面讨论一下这个表达式的两个特征。首先，在 θ 增加方向上的位移（$r\Delta\theta$ 的大小）是一个圆弧而不是一条线段。然而，由于当 $\Delta s\to 0$ 时，最终可以得到这个极限值，所以可以认为当 $\Delta\theta$ 无限小时（Δr 和 Δz 也一样），这条弧与它所对的弦无限接近。因此，如图Ⅳ-15 所示，在任意精度下 Δr，$r\Delta\theta$ 和 Δz 可近似于三个互相垂直的位移，这与三个笛卡儿坐标系下的位移 Δx，Δy 和 Δz 是类似的（见图Ⅳ-15）。

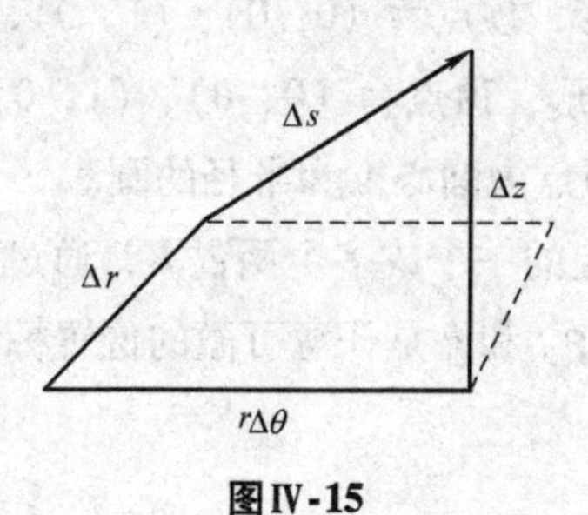

图Ⅳ-15

关于 $\Delta \boldsymbol{s}$ 的表达式的第二个特征也是与 θ 增加方向上的位移有关。它是这样的：由于弧是半径为 $r+\Delta r$ 的圆的一部分，严格地讲，应该将位移写成（$r+\Delta r$）$\Delta\theta$，而不是 $r\Delta\theta$。但是这个额外的项 $\Delta r\Delta\theta$ 是“二次的”，即它是两个无穷小的乘积，因此与 $r\Delta\theta$ 相比可以忽略不计。

如果现在用 $\Delta \boldsymbol{s}$ 的形式来写 Δf 的表达式，有

$$\Delta f=\left(\hat{\boldsymbol{e}}_r\frac{\partial f}{\partial r}+\hat{\boldsymbol{e}}_\theta\frac{1}{r}\frac{\partial f}{\partial\theta}\Delta\theta+\hat{\boldsymbol{e}}_z\frac{\partial f}{\partial z}\right)\cdot\Delta \boldsymbol{s}+\cdots。$$

注意到在第二项中的因子 $1/r$ 可以抵消在 $\Delta \boldsymbol{s}$ 中 $\hat{\boldsymbol{e}}_\theta r\Delta\theta$ 这一项中的因子 r。

3. 最后，由 $\Delta\boldsymbol{s}=\hat{\boldsymbol{u}}\Delta s$，有

$$\lim_{\Delta s\to 0}\frac{\Delta f}{\Delta s}\equiv\frac{\mathrm{d}f}{\mathrm{d}s}=\left(\hat{\boldsymbol{e}}_r\frac{\partial f}{\partial r}+\hat{\boldsymbol{e}}_\theta\frac{1}{r}\frac{\partial f}{\partial\theta}+\hat{\boldsymbol{e}}_z\frac{\partial f}{\partial z}\right)\cdot\hat{\boldsymbol{u}}。$$

在表达式中与 $\hat{\boldsymbol{u}}$ 点乘的量是在柱面坐标系下 f 的梯度。

同理可以求出在球面坐标系下的梯度，把它留作一道练习题（见习题Ⅳ-22）。

习题Ⅳ

Ⅳ-1（a）对于下列每个标量函数计算 $\boldsymbol{F}=\nabla f$：

（i）$f=xyz$

（ii）$f=x^2+y^2+z^2$

（iii）$f=xy+yz+zx$

（iv）$f=3x^2-4z^2$

（v）$f=\mathrm{e}^{-x}\sin y$

（b）对于在（a）中所确定的一个或多个函数 $\boldsymbol{F}$，证明 $\oint_C\boldsymbol{F}\cdot\hat{\boldsymbol{t}}\mathrm{d}s=0$，可选的曲线 C 为：

（i）在 xOy 平面中的正方形，顶点为（0，0），（1，0），（1，1）和（0，1）

（ii）在 yOx 平面中的三角形，顶点为（0，0），（1，0）和（0，1）

（iii）在 xOy 平面中的以原点为圆心 1 为半径的圆。

（c）对于在（a）中所确定的一个或多个函数 $\boldsymbol{F}$，通过直接计算来证明 $\nabla\times\boldsymbol{F}=0$

Ⅳ-2　证明下列等式，其中 f 和 g 是任意可微的位置标量函数，且 $\boldsymbol{F}$ 和 $\boldsymbol{G}$ 是任意可微的位置矢量函数。

（a）$\nabla(fg)=f\nabla g+g\nabla f$

（b）$\nabla(\boldsymbol{F}\cdot\boldsymbol{G})=(\boldsymbol{G}\cdot\nabla)\boldsymbol{F}+(\boldsymbol{F}\cdot\nabla)\boldsymbol{G}+\boldsymbol{F}\times(\nabla\times\boldsymbol{G})+\boldsymbol{G}\times(\nabla\times\boldsymbol{F})$

（c）$\nabla\cdot(f\boldsymbol{F})=f\nabla\cdot\boldsymbol{F}+\boldsymbol{F}\cdot\nabla f$

（d）$\nabla\cdot(\boldsymbol{F}\times\boldsymbol{G})=\boldsymbol{G}\cdot(\nabla\times\boldsymbol{F})-\boldsymbol{F}\cdot(\nabla\times\boldsymbol{G})$

（e）$\nabla\times(f\boldsymbol{F})=f\nabla\times\boldsymbol{F}+(\nabla f)\times\boldsymbol{F}$

（f）$\nabla\times(\boldsymbol{F}\times\boldsymbol{G})=(\boldsymbol{G}\cdot\nabla)\boldsymbol{F}-(\boldsymbol{F}\cdot\nabla)\boldsymbol{G}+\boldsymbol{F}(\nabla\cdot\boldsymbol{G})-\boldsymbol{G}(\nabla\cdot\boldsymbol{F})$

（g）$\nabla\times(\nabla\times\boldsymbol{F})=\nabla(\nabla\cdot\boldsymbol{F})-\nabla^2\boldsymbol{F}$

Ⅳ-3　证明 $\nabla\times\nabla f=0$，这里 $f(x,\ y,\ z)$ 是一个任意可微的标量函数。假设混合二阶偏导数与微分的顺序无关。例如，$\partial^2 f/\partial x\partial z=\partial^2 f/\partial z\partial x$。

Ⅳ-4（a）在单连通区域内下列每一个函数是光滑的。确定它们中的哪些可以作为一个标量函数的梯度；哪些能利用方程（Ⅳ-2）可以求出标量函数。

（i）$\boldsymbol{F}=\boldsymbol{i}y$

（ii）$\boldsymbol{F}=C\boldsymbol{k}$，$C$ 是一个常数。

（iii）$\boldsymbol{F}=\boldsymbol{i}yz+\boldsymbol{j}xz+\boldsymbol{k}xy$

（iv）$\boldsymbol{F}=\boldsymbol{i}x+\boldsymbol{j}y+\boldsymbol{k}z$

（v）$\boldsymbol{F}=\boldsymbol{i}\mathrm{e}^{-z}\sin y+\boldsymbol{j}\mathrm{e}^{-y}\sin z+\boldsymbol{k}\mathrm{e}^{-x}\sin y$

（b）下列每一个函数都不是在任意点处光滑。然而，每一个都能作为一个标量函数的梯度。利用方程（Ⅳ-2）来求出标量函数。

（i）$\boldsymbol{F}=\boldsymbol{r}/r^2$，$\boldsymbol{r}=\boldsymbol{i}x+\boldsymbol{j}y$

（ii）$\boldsymbol{F}=\boldsymbol{r}/r^{1/2}$，$\boldsymbol{r}=\boldsymbol{i}x+\boldsymbol{j}y+\boldsymbol{k}z$

Ⅳ-5　在习题Ⅲ-17所定义的函数 $\boldsymbol{F}(r, \theta, z)$ 是光滑的且在一个非单连通区域内的旋度是0。这个区域由所有随着 z 轴移动的三维空间组成。通过计算 $\boldsymbol{F}\cdot\hat{\boldsymbol{t}}$ 从点 $P_1(0, -1, 0)$ 到点 $P_2(0, 1, 0)$ 沿着两个不同路径的线积分，来证明不存在标量函数 ψ 满足 $\boldsymbol{F}=\nabla\psi$。这两个路径是：$C_R$ 为在 xOy 平面上以原点为圆心半径为1的圆的右侧（见图）。C_L 为同一个圆的左侧。路径如图所示。为什么沿着这两个路径进行积分得到了不同的结论这个事实可以证明不存在标量函数 ψ 满足 $\boldsymbol{F}=\nabla\psi$？

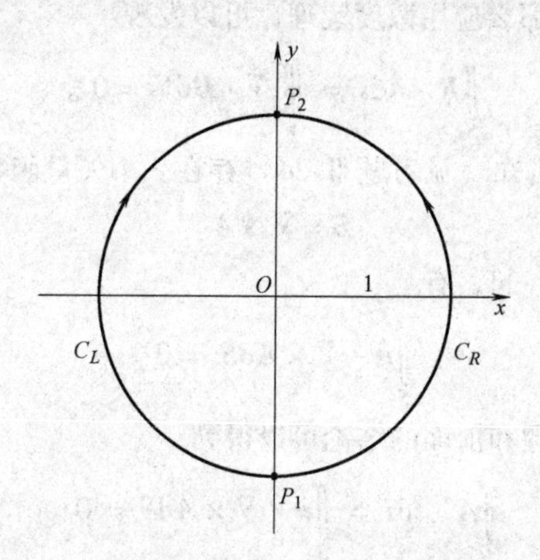

Ⅳ-6　（a）一个长度为 p 的电偶极子位于圆心沿着 z 轴的正方向，产生一个静电场

$$\boldsymbol{E}(r,\theta,\phi)=\frac{1}{4\pi\varepsilon_0}\frac{p}{r^3}(2\hat{\boldsymbol{e}}_r\cos\phi+\hat{\boldsymbol{e}}_\phi\sin\phi)$$

利用方程（Ⅳ-2）来证明电偶极子的电势是

$$\Phi(r,\theta,\phi)=\frac{1}{4\pi\varepsilon_0}\frac{p\cos\phi}{r^2}。$$

注意：在球面坐标系下，

$$\hat{\boldsymbol{t}}=\hat{\boldsymbol{e}}_r\frac{\mathrm{d}r}{\mathrm{d}s}+\hat{\boldsymbol{e}}_\phi r\frac{\mathrm{d}\phi}{\mathrm{d}s}+\hat{\boldsymbol{e}}_\theta r\sin\phi\frac{\mathrm{d}\theta}{\mathrm{d}s}$$

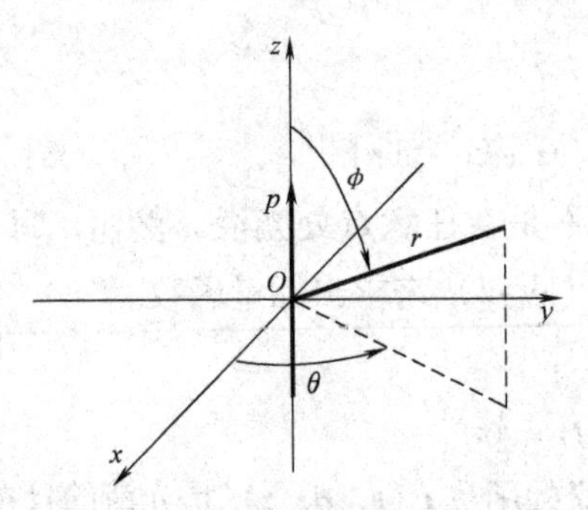

(b) 计算通过一个圆心在原点半径为 R 的球面的电偶极子场的通量。

(c) 在任意不过原点的封闭曲面上的电偶极子场的通量是什么？

Ⅳ-7　这是一个证明，在磁学中没有这样的结论。从麦克斯韦方程组中的一个方程可知

$$\nabla\cdot\boldsymbol{B}=0。$$

这里 $\boldsymbol{B}$ 是任意磁场。那么应用散度定理，可以发现

$$\iint_S\boldsymbol{B}\cdot\hat{\boldsymbol{n}}\mathrm{d}s=\iiint_V\nabla\cdot\boldsymbol{B}\mathrm{d}V=0。$$

因为 $\boldsymbol{B}$ 的散度为0，可知（见习题Ⅲ-24）存在一个矢量函数，称之为 $\boldsymbol{A}$，使得

$$\boldsymbol{B}=\nabla\times\boldsymbol{A}。$$

将上面两个方程合在一起，有

$$\iint_S\hat{\boldsymbol{n}}\cdot\nabla\times\boldsymbol{A}\mathrm{d}S=0。$$

下面应用斯托克斯定理和前面的结论可以得到

$$\oint_C\boldsymbol{A}\cdot\hat{\boldsymbol{t}}\mathrm{d}s=\iint_S\hat{\boldsymbol{n}}\cdot\nabla\times\boldsymbol{A}\mathrm{d}S=0。$$

因此，证明了 $\boldsymbol{A}$ 的环积分是路径独立的。它遵循 $\boldsymbol{A}=\nabla\psi$，这里 ψ 是某个标量函数。由于一个函数的梯度的旋度是0，显然

$$\boldsymbol{B}=\nabla\times\nabla\psi=0;$$

即所有的磁场为0！那么哪里弄错了呢？［取自 G. Arfken，Amer. J. Phys.，27，526（1959）。］

Ⅳ-8　菲克定律说明了在某个扩散过程中扩散通量 $\boldsymbol{J}$ 与密度 ρ 的梯度的负值成正比，即 $\boldsymbol{J}=-k\nabla\rho$，这里 k 是一个正常数。根据菲克定律，如果密度为 $\rho(x, y, z, t)$、速度为 $\boldsymbol{v}(x, y, z, t)$ 的一种物质扩散，证明这种流动是无旋的（即 $\nabla\times\boldsymbol{v}=0$）。

Ⅳ-9（a）根据菲克定律，一个物质扩散（见习题Ⅳ-8）。假设扩散的物质是守恒的，导出扩散方程为 $\frac{\partial\rho}{\partial t}=k\nabla^2\rho$。

（b）根据菲克定律，密度为 ρ 的细菌在培养基中扩散并且以每单位体积 $\lambda\rho$ 的速率繁殖（λ 是一个正常数）。证明 $\frac{\partial\rho}{\partial t}=k\nabla^2\rho+\lambda\rho$。

Ⅳ-10（a）如果流体的密度 ρ 是一个常数（即它与 x，y，z，t 无关），那么它被称为不可压缩的。利用连续性方程来证明一个不可压缩的流体的速度 $\boldsymbol{v}$ 满足方程 $\nabla\cdot\boldsymbol{v}=0$。

（b）如果 $\nabla\times\boldsymbol{v}=0$，则流体的流动是无旋的。证明对于一个正在进行无旋流动的不可压缩的流体，

$$\nabla^2\phi=0,$$

这里 ϕ 是一个标量函数，被称为速度势，它是以 $\boldsymbol{v}=\nabla\phi$ 来定义的。

Ⅳ-11　体积为 V 的物体中热量 Q 满足

$$Q=c\iiint_V T\rho\,\mathrm{d}V$$

这里 c 是一个常数，称为物体的比热，并且 $T(x, y, z, t)$ 和 $\rho(x, y, z)$ 分别是物体的温度和密度（假设密度与时间无关）。热量流过物体的边界曲面 S 的速度为

$$\frac{\mathrm{d}Q}{\mathrm{d}t}=k\iint_S\hat{\boldsymbol{n}}\cdot\nabla T\mathrm{d}S,$$

这里 k（假设是常数）是物体的导热系数并且在包围体的曲面 S 上积分。由此可推导出热流方程

$$\nabla^2T=\alpha\frac{\partial T}{\partial t},\text{这里 }\alpha=c\rho/k。$$

Ⅳ-12　在非相对论性量子力学中，一个质量为 m 的微粒在电势 $V(x, y, z)$ 下移动，此电势由薛定谔方程

$$-\frac{\hbar^2}{2m}\nabla^2\psi+V\psi=i\hbar\frac{\partial\psi}{\partial t}$$

给出，这里 $\hbar$ 是普朗克常数除以 2π，$\psi(x, y, z, t)$ 是波函数。量 $\rho=\psi*\psi$ 为

概率密度。

（a）利用薛定谔方程导出形式为

$$\frac{\partial \rho}{\partial t}+\nabla \cdot \boldsymbol{J}=0$$

的方程并用ψ，ψ^*，m，$\hbar$ 来表示$\boldsymbol{J}$。

（b）对$\boldsymbol{J}$和在（a）中所导出的方程进行解释。

Ⅳ-13（a）求出产生电场$\boldsymbol{E}=g(\boldsymbol{i}x+\boldsymbol{j}y+\boldsymbol{k}z)$的电荷密度$\rho(x, y, z)$，这里$g$是一个常数。

（b）求静电势Φ，使得$-\nabla\Phi$是（a）中所给出的场$\boldsymbol{E}$。

（c）证明$\nabla^2\Phi=-\rho/\varepsilon_0$。

Ⅳ-14（a）从散度定理开始，推导方程

$$\iint_S \hat{\boldsymbol{n}} \cdot (u \nabla \boldsymbol{v}) \mathrm{d}S = \iiint_V [u \nabla^2 \boldsymbol{v} + (\nabla u) \cdot (\nabla \boldsymbol{v})] \mathrm{d}V,$$

这里u和$\boldsymbol{v}$是位移标量函数且S是一个包围体积V的封闭曲面。有时将这个公式称为第一格林公式。

（b）如果$\nabla^2 u=0$，利用格林公式的第一形式来证明

$$\iint_S \hat{\boldsymbol{n}} \cdot (u \nabla u) \mathrm{d}S = \iiint_V |\nabla u|^2 \mathrm{d}V,$$

这里$|\nabla u|^2=(\nabla u)\cdot(\nabla u)$。

（c）利用格林公式的第一形式来证明

$$\iint_S \hat{\boldsymbol{n}} \cdot (u \nabla \boldsymbol{v} - \boldsymbol{v} \nabla u) \mathrm{d}S = \iiint_V (u \nabla^2 \boldsymbol{v} - \boldsymbol{v} \nabla^2 u) \mathrm{d}V$$

这是格林公式的第二形式。

Ⅳ-15　一个形式为

$$\nabla^2 f=\frac{1}{v^2}\frac{\partial^2 f}{\partial t^2}$$

的方程被称为波动方程，这里f是一个关于位移和时间的二元可微函数。它描述了波在空间中以速度$\boldsymbol{v}$传播。利用麦克斯韦方程来证明（习题Ⅲ-20）在缺少电荷和电流的情况下（即ρ和$\boldsymbol{J}$都是0），$\boldsymbol{E}$和$\boldsymbol{B}$的三个笛卡儿分量都满足波动方程$\boldsymbol{v}=c$，这里$c=1/\sqrt{\varepsilon_0\mu_0}$是光的速度。例如，

$$\nabla^2 E_x=\frac{1}{c^2}\frac{\partial^2 E_x}{\partial t^2}。$$

因此，在真空中电磁波以光的速度传播是麦克斯韦方程的一个结论。

Ⅳ-16　(a) 在本书中，已经举了关于无限大圆柱求电势和电场强度的例子，其中这个圆柱位于两个平行平面之间，它是零电势的。如果圆柱的电势 $V_0 \neq 0$，那么之前的结论是否会改变？

(b) 证明在圆柱上没有净电荷。

Ⅳ-17　(a) 一个半径为 R 的球放置在两个大的平行板之间，它们之间的距离是 s。在平行板之间的电势差不变且球的电势为 0。计算球的外部和平行板之间的每一处的电势和电场。假设 $R \ll s$。

(b) 证明在球上没有净电荷。

(c) 假设球的电势 $V_0 \neq 0$，重复 (a)。

Ⅳ-18　设 $f(x, y)$ 是一个关于 x 和 y 的可微的标量函数，且设 $\hat{\boldsymbol{u}} = \boldsymbol{i}\cos\theta + \boldsymbol{j}\sin\theta$。将它转换到一个已经旋转的坐标系 x'，y'，满足 x' 平行于 $\hat{\boldsymbol{u}}$ (如图)。证明在方向 $\hat{\boldsymbol{u}}$ 下的方向导数是

$$\frac{\mathrm{d}f}{\mathrm{d}s} = \hat{\boldsymbol{u}} \cdot \nabla f = \frac{\partial f}{\partial x'}$$

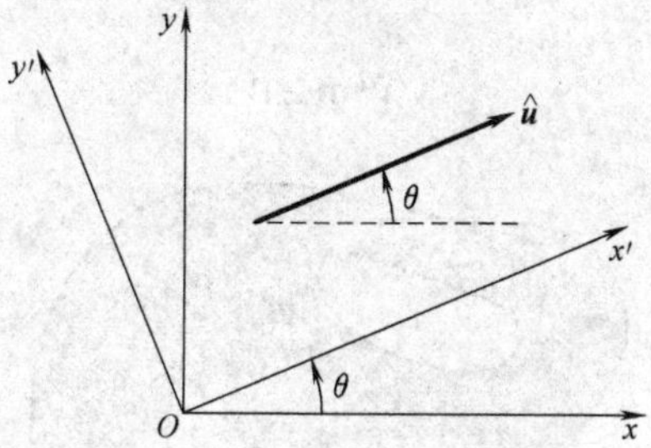

Ⅳ-19　在曲面 $z = (r^2 - x^2 - y^2)^{1/2}$　$(z \geqslant 0)$ 上的点 (a, b, c) 处。假设 a 和 b 都是正数，你必须向哪个方向移动

(a) 使得 z 的变化率为 0？

(b) 使得 z 的增长率最大？

(c) 使得 z 的减少率最大？

画一个图来证明你的答案的几何意义。

Ⅳ-20　垂直于曲面 $z = f(x, y)$ 的单位法向量

$$\hat{\boldsymbol{n}} = \left(-\boldsymbol{i}\frac{\partial f}{\partial x} - \boldsymbol{j}\frac{\partial f}{\partial y} + \boldsymbol{k}\right) \Big/ \sqrt{1 + \left(\frac{\partial f}{\partial x}\right)^2 + \left(\frac{\partial f}{\partial y}\right)^2}$$

[见方程 (Ⅱ-4)]。已经建立了 ∇F 是垂直于曲面 $F(x, y, z) =$ 常数的矢量 (见书 30 页)，使得 $\nabla F / |\nabla F|$ 是垂直曲于曲面 $F(x, y, z) =$ 常数的单位向量。如果 $F(x, y, z) =$ 常数和 $z = f(x, y)$ 描述了相同的曲面，证明单位法向量的这两个

表达式是相同的。

Ⅳ-21　利用习题Ⅱ-18 的结论和在柱面坐标下梯度的表达式（见 111 页）来推导出在 100 页所给出的在柱面坐标下拉普拉斯算子的形式。

Ⅳ-22　利用本书中（见 109 – 110 页）所概述的过程推导出在球面坐标系下 ψ 的梯度的表达式：

$$\nabla\psi = \hat{\boldsymbol{e}}_r \frac{\partial\psi}{\partial r} + \hat{\boldsymbol{e}}_\phi \frac{1}{r}\frac{\partial\psi}{\partial\phi} + \hat{\boldsymbol{e}}_\theta \frac{1}{r\sin\phi}\frac{\partial\psi}{\partial\theta}$$

Ⅳ-23　利用习题Ⅱ-19 的结论和从习题Ⅳ-22 所推导出的在球面坐标系下梯度的表达式来推出在 98 页所给出的在球面坐标系下拉普拉斯算子的形式。

Ⅳ-24　假设你得到了满足某个边界条件的拉普拉斯方程的解。那么这个解是唯一的还是另有其他解呢？这道题将回答在某些简单情况下的这个问题。考虑由曲面 S_0 所围成的空间区域并且在它内部还包含物质 1，2，3，…（其中两个在图中已经标出）。假设 S_0 的电势不变为 Φ_0，1 号物质的电势为 Φ_1，2 号物质的电势为 Φ_2，以此类推。那么在 S_0 所包围的无电荷区域 R 和物质之间的部分，电势一定满足拉普拉斯方程

$$\nabla^2\Phi = 0$$

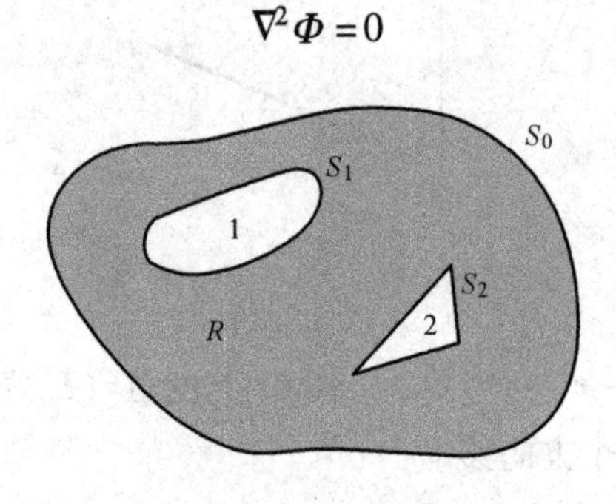

且边界条件为

$$\Phi = \begin{cases} \Phi_0 \text{ 在 } S_0 \text{ 上} \\ \Phi_1 \text{ 在 } S_1 \text{ 上} \\ \Phi_2 \text{ 在 } S_2 \text{ 上} \\ \vdots \end{cases}$$

下列步骤将引导你得到这样一个事实：Φ 是唯一的。

（a）假设有两个电势 u 和 v，它们都满足拉普拉斯方程和所列出的边界条件。从它们的电势差 $w = u - v$。来证明在 R 中 $\nabla^2 w = 0$。

（b）w 所满足的边界条件是什么？

（c）将散度定理应用到

$$\iint_S \hat{\boldsymbol{n}} \cdot (w \nabla w) \mathrm{d}S ,$$

这里是在曲面 $S_0 + S_1 + S_2 + \cdots$ 上积分的，并且由此证明

$$\iiint_V |\nabla w|^2 \mathrm{d}V = 0 ,$$

这里 V 是区域 R 的体积。

(d) 从 (c) 的结论中讨论 $\nabla w = 0$ 并且反之 w 是一个常数。

(e) 如果 w 是一个常数，它的值是多少？(利用 w 上的边界条件来回答这个问题) 关于 u 和 $\boldsymbol{v}$ 这说明了什么？

(f) 在 (a) 到 (e) 中唯一性的证明包含了在不同曲面上电势值是指定的。我们是否可以用不同的边界条件仍能证明它的唯一性呢？假如这样的话，用什么方法能得到不同于上面所给出的证明和结论？

Ⅳ-25 在本书中用偏导数来定义梯度。也可以给出一个在形式上与散度和旋度定义类似的另外一个定义。因此，

$$\nabla f = \lim_{\Delta V \to 0} \frac{1}{\Delta V} \iint_S \hat{\boldsymbol{n}} f \mathrm{d}S 。$$

这里 f 是一个位移的标量函数，S 是一个封闭曲面且 ΔV 是它所围成的体积。通常地，$\hat{\boldsymbol{n}}$ 是一个垂直于 S 的单位向量且从封闭体内部指向外部。

(a) 遵循曾经在本中解决散度问题所用的方法，在一个体积上积分并且证明之前的定义得到表达式

$$\nabla f = \boldsymbol{i} \frac{\partial f}{\partial x} + \boldsymbol{j} \frac{\partial f}{\partial y} + \boldsymbol{k} \frac{\partial f}{\partial z}。$$

(b) 利用上面所给出的梯度的另一种定义来证明在由单位向量 $\hat{\boldsymbol{u}}$ 方向上 f 的方向导数

$$\frac{\mathrm{d}f}{\mathrm{d}s} = \hat{\boldsymbol{u}} \cdot \nabla f。$$

[提示：计算

$$\hat{\boldsymbol{u}} \cdot \iint_S \hat{\boldsymbol{n}} f \mathrm{d}S = \iint_S \hat{\boldsymbol{u}} \cdot \hat{\boldsymbol{n}} f \mathrm{d}S$$

在一个小的圆柱体（长为 Δs，横截面面积为 ΔA，如图所示）上积分，它的轴沿着常值单位向量 $\hat{\boldsymbol{u}}$ 的方向。然后除以圆柱的体积（$\Delta s \Delta A$）并当体积趋向于 0 时，取极限。]

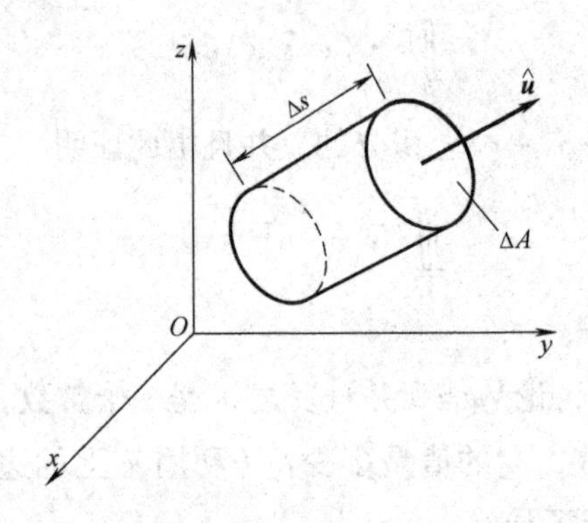

（c）按照在本中建立散度定理所进行的讨论，利用梯度的另一种定义来证明

$$\iint_S \hat{\boldsymbol{n}} f \mathrm{d}S = \iiint_V \nabla f \mathrm{d}V,$$

这里 S 是围着体积 V 的封闭曲面。

（d）直接由散度定理获得在（c）中所陈述的关系。[提示：在 $\iint_S \boldsymbol{F} \cdot \hat{\boldsymbol{n}} \mathrm{d}S = \iiint_V \nabla \cdot \boldsymbol{F} \mathrm{d}V$ 中令 $\boldsymbol{F} = \hat{\boldsymbol{e}} f$，这里 $\hat{\boldsymbol{e}}$ 是一个单位常向量。]

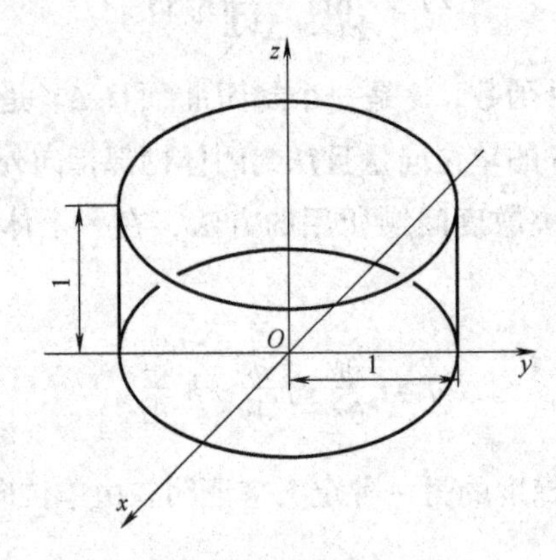

（e）对于标量函数 $f = x^2 + y^2 + z^2$ 在如图所示的单位圆柱上积分，证明在（c）中所描述的关系。

Ⅳ-26（a）考虑曲面 $z = f(x, y)$。设 $\boldsymbol{u}$ 是一个任意长度的矢量，在点 $P(x, y, z)$ 处与曲线相切，与单位向量 $\hat{\boldsymbol{p}} = \boldsymbol{i} p_x + \boldsymbol{j} p_y$ 的方向相同，如图所示。利用方向导数证明

$$\boldsymbol{u} = \hat{\boldsymbol{p}} + \boldsymbol{k}(\hat{\boldsymbol{p}} \cdot \nabla f),$$

这里 ∇f 在点（x, y）上计算而得。[提示：由于 $\boldsymbol{u}$ 的长度是任意的，你的结论可能不同于前面给出的正的乘积常数。]

(b) 设 $\boldsymbol{v}$ 是第二个任意长度的矢量，在点 P 处与曲线相切，但是它的方向与单位向量 $\hat{\boldsymbol{q}}=\boldsymbol{i}q_x+\boldsymbol{j}q_y$（$\hat{\boldsymbol{p}}\neq\hat{\boldsymbol{q}}$）的方向相同。那么由（a）有

$$\boldsymbol{v}=\hat{\boldsymbol{q}}+\boldsymbol{k}(\hat{\boldsymbol{q}}\cdot\nabla f)。$$

证明

$$\boldsymbol{u}\times\boldsymbol{v}=[\boldsymbol{k}\cdot(\hat{\boldsymbol{p}}\times\hat{\boldsymbol{q}})](\boldsymbol{k}-\nabla f)。$$

利用这个来重新推导方程（Ⅱ-4）使得单位向量 $\hat{\boldsymbol{n}}$ 在点（x，y，z）上与曲面 $z=f(x,y)$ 垂直。这证明了在本书中对于 $\hat{\boldsymbol{n}}$ 所推导的结论是唯一的（除了符号之外），即使它是靠选取特殊值 $\hat{\boldsymbol{p}}=\boldsymbol{i}$ 和 $\hat{\boldsymbol{q}}=\boldsymbol{j}$ 所获得的。

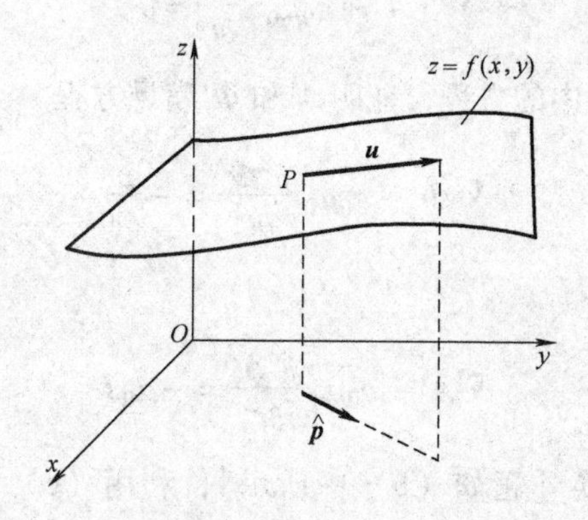

Ⅳ-27（a）利用麦克斯韦方程（见习题Ⅲ-20），证明

$$\boldsymbol{B}=\nabla\times\boldsymbol{A},$$

$$\boldsymbol{E}=-\nabla\Phi-\frac{\partial\boldsymbol{A}}{\partial t},$$

这里 $\boldsymbol{A}$（叫做矢量势）是某个关于位移和时间的矢量函数，且 Φ（标量势）是某个关于位移和时间的标量函数，所提供的 $\boldsymbol{A}$ 和 Φ 满足方程

$$\nabla^2\Phi+\frac{\partial}{\partial t}(\nabla\cdot\boldsymbol{A})=-\rho/\varepsilon_0,$$

$$\nabla^2\boldsymbol{A}-\mu_0\varepsilon_0\frac{\partial^2\boldsymbol{A}}{\partial t^2}=-\mu_0\boldsymbol{J}+\nabla\left[\nabla\cdot\boldsymbol{A}+\mu_0\varepsilon_0\frac{\partial\Phi}{\partial t}\right]。$$

(b) 证明：如果定义两个新的电势

$$\boldsymbol{A}'=\boldsymbol{A}+\nabla\chi,$$

$$\Phi'=\Phi-\frac{\partial\chi}{\partial t},$$

这里 χ 是一个任意的关于位移和时间的标量函数，那么

$$\boldsymbol{B}=\nabla\times\boldsymbol{A}',\boldsymbol{E}=-\nabla\Phi'-\frac{\partial\boldsymbol{A}'}{\partial t}。$$

即电场 $\boldsymbol{E}$ 和 $\boldsymbol{B}$ 并不因电势 $\boldsymbol{A}$ 和 $\boldsymbol{\Phi}$ 的变化而改变。从（$\boldsymbol{A}$，$\boldsymbol{\Phi}$）到（$\boldsymbol{A}'$，$\boldsymbol{\Phi}'$）的变化被称为规范变换。

（c）证明如果使 χ 满足方程

$$\nabla^2\chi-\varepsilon_0\mu_0\frac{\partial^2\chi}{\partial t^2}=-\left[\nabla\cdot\boldsymbol{A}+\varepsilon_0\mu_0\frac{\partial\boldsymbol{\Phi}}{\partial t}\right],$$

那么

$$\nabla\cdot\boldsymbol{A}'+\varepsilon_0\mu_0\frac{\partial\boldsymbol{\Phi}'}{\partial t}=0。$$

（d）如果 χ 满足（c）中的方程，证明 A' 和 $\boldsymbol{\Phi}'$ 满足方程

$$\nabla^2\boldsymbol{\Phi}'-\varepsilon_0\mu_0\frac{\partial^2\boldsymbol{\Phi}'}{\partial t^2}=-\frac{\rho}{\varepsilon_0}$$

和

$$\nabla^2\boldsymbol{A}'-\varepsilon_0\mu_0\frac{\partial^2\boldsymbol{A}'}{\partial t^2}=-\mu_0\boldsymbol{J}$$

总之构造一个规范变换［正如（b）中所示］，利用（c）中所给出的条件，并因此得到一个标量势和一个矢量势，它们满足（d）中的方程，它们是含有与 ρ 和 $\boldsymbol{J}$ 成比例的项的波动方程。

Ⅳ-28　一个理想的流体运动方程可以写成

$$\iiint_V\rho\boldsymbol{f}_{\text{ext}}\mathrm{d}V-\iint_S\hat{\boldsymbol{n}}p\mathrm{d}S=\iiint_V\rho\left[\frac{\partial\boldsymbol{v}}{\partial t}+(\boldsymbol{v}\cdot\nabla)\boldsymbol{v}\right]\mathrm{d}V,$$

这里 V 是流体的体积且 S 是它的曲面。$\boldsymbol{f}_{\text{ext}}$ 是作用在流体上的单位物质的外力，$\rho(x,y,z)$ 是流体的压力且 $\rho(x,y,z)$ 是它的密度，所有这些都是在流体内的一点（x，y，z）处的值，$\boldsymbol{v}(x,y,z,t)$ 是在点（x，y，z）和时间 t 处流体的速度。

（a）利用习题Ⅳ-25（c）所给出的散度定理的形式来重新写一个理想流体的运动方程

$$\boldsymbol{f}_{\text{ext}}-\frac{1}{\rho}\nabla p=\frac{\partial\boldsymbol{v}}{\partial t}+(\boldsymbol{v}\cdot\nabla)\boldsymbol{v}$$

（b）在静止状态下，证明运动方程可以变为

$$\boldsymbol{f}_{\text{ext}}=(1/\rho)\nabla\rho$$

(c) 考虑一个不可压缩的流体，垂直方向平行于 z 轴，如图所示。假设仅有外力作用在流体上，它是地球所给的向下均匀的地球引力，利用 (b) 中所给的静止状态下的方程来证明

$$p = p_0 - \rho g z,$$

这里 g 是重力加速度且 p_0 是一个常数。

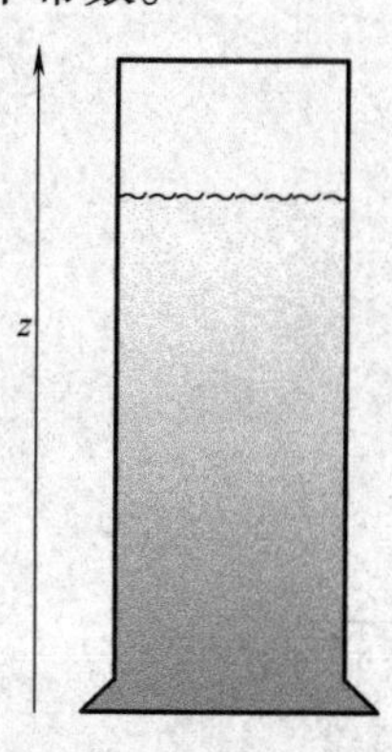

部分习题答案

第Ⅰ章

3. (a) $(\boldsymbol{i}x+\boldsymbol{j}y)/\sqrt{x^2+y^2}$.

   (b) $(\boldsymbol{i}+\boldsymbol{j})(x+y)^2/\sqrt{2}$.

   (c) $-\boldsymbol{i}y+\boldsymbol{j}x$.

   (d) $(\boldsymbol{i}x+\boldsymbol{j}y+\boldsymbol{k}z)/\sqrt{x^2+y^2+z^2}$.

4. (a) $(a^2\cos^2\omega t+b^2\sin\omega t)^{1/2}$.

   (b) $-\boldsymbol{i}\omega a\sin\omega t+\boldsymbol{j}\omega b\cos\omega t$（速度）.

   $-\boldsymbol{i}\omega^2 a\cos\omega t-\boldsymbol{j}\omega^2 b\sin\omega t$（加速度）.

5. $-\dfrac{\boldsymbol{i}}{2\pi\varepsilon_0}\cdot\dfrac{1}{(y^2+1)^{3/2}}$.

6. 以下各式中，c 是任意常数.

   (a) $x^2-y^2=c$.

   (b) $y=x+c$.

   (c) $xy=c$.

   (d) $y=c$.

   (e) $x=c$.

   (f) $x^2-y^2=c$.

   (g) $y=\dfrac{1}{2}x^2+c$.

   (h) $y=ce^x$.

第Ⅱ章

1. (a) $(\boldsymbol{i}+\boldsymbol{j}+\boldsymbol{k})/\sqrt{3}$.

   (b) $-(\boldsymbol{i}x+\boldsymbol{j}y-\boldsymbol{k}z)/\sqrt{2}z$.

   (c) $\boldsymbol{i}x+\boldsymbol{k}z$.

   (d) $(-2\boldsymbol{i}x-2\boldsymbol{j}y+\boldsymbol{k})/\sqrt{1+4z}$.

   (e) $(\boldsymbol{i}x+\boldsymbol{j}y+\boldsymbol{k}a^2z)/a\sqrt{1+(a^2-1)z^2}$.

3. $[-\boldsymbol{i}(\partial g/\partial x)-\boldsymbol{k}(\partial g/\partial z)+\boldsymbol{j}]/\sqrt{1+(\partial g/\partial x)^2+(\partial g/\partial z)^2}$

对 $y=g(x,\ z)$.

$[-\boldsymbol{j}(\partial h/\partial y)-\boldsymbol{k}(\partial h/\partial z)+\boldsymbol{i}]/\sqrt{1+(\partial h/\partial y)^2+(\partial h/\partial z)^2}$

对 $x=h(y,\ z)$.

4. (a) $\sqrt{3}/6$.

(b) $\frac{\pi}{2}(\sqrt{5}-1)$.

(c) $\pi/2$.

5. (a) 0.

(b) $2\pi a^3$.

(c) $3\pi/2$.

6. $4\pi R^2\sigma_0/3$.

7. $16\pi R^4\sigma_0/15$.

8. 0.

9. $\pi r^2\lambda h\varepsilon_0$.

10. (a) 0.

(b) $4\pi R^2 h\ln R$.

(c) $4\pi R^3 e^{-R^2}$.

(d) $[E(b)-E(0)]b^2$.

11. (a) $\boldsymbol{E}=\sigma\boldsymbol{i}/2\varepsilon_0$, $x>0$, 且 $-\sigma\boldsymbol{i}/2\varepsilon_0$, $x<0$.

(b) $\boldsymbol{E}=\rho_0 b\boldsymbol{i}/\varepsilon_0$, $x>b$; $\rho_0 x\boldsymbol{i}/\varepsilon_0$, $-b\leqslant x\leqslant b$;

且 $-\rho_0 b\boldsymbol{i}/\varepsilon_0$, $x<-b$.

(c) $\boldsymbol{E}=\pm(\rho_0 b/\varepsilon_0)(1-e^{-|x|/b})\boldsymbol{i}$ (+对 $x>0$, −对 $x<0$)

12. (a) $\boldsymbol{E}=(\lambda/2\pi\varepsilon_0)\hat{\boldsymbol{e}}_r/r$

(b) $\boldsymbol{E}=(\rho_0 b^2/2\varepsilon_0)\hat{\boldsymbol{e}}_r/r, r\geqslant b$, 且 $(\rho_0 r/2\varepsilon_0)\hat{\boldsymbol{e}}_r, r\leqslant b$.

(c) $\boldsymbol{E}=(\rho_0 b^2\varepsilon_0)(1/r)[1-(1+r/b)e^{-r/b}]\hat{\boldsymbol{e}}_r$.

13. (a) $\boldsymbol{E}=\begin{cases}(b^3\rho_0/3\varepsilon_0)\hat{\boldsymbol{e}}_r/r^2, & r>b,\\ (\rho_0/3\varepsilon_0)r\hat{\boldsymbol{e}}_r, & r\leqslant b.\end{cases}$

(b) $\boldsymbol{E}=b^3\rho_0/\varepsilon_0)(1/r^2)[2-(r^2/b^2+2r/b+2)e^{-r/b}]\hat{\boldsymbol{e}}_r$.

(c) $\boldsymbol{E}=\begin{cases}(\rho_0/3\varepsilon_0)r\hat{\boldsymbol{e}}_r, & r<b,\\ (1/3\varepsilon_0)(1/r^2)[b^3\rho_0+(r^3-b^3)\rho_1]\hat{\mathbf{e}}_r, & b\leqslant r\leqslant 2b,\\ (b^3/3\varepsilon_0)(1/r^2)(\rho_0+7\rho_1)\hat{\mathbf{e}}_r, & r>2b.\end{cases}$

对于 $r>2b$，如果 $\rho_1=-\rho_0/7$，电场强度为0，这一分布的全部电荷为0.

14. (a) $2(x+y+z)$.
   (b) 0.
   (c) $-(e^{-x}+e^{-y}+e^{-z})$.
   (d) $2z$.
   (e) $-y/(x^2+y^2)$.
   (f) 0.
   (g) 3.
   (h) 0.
15. 对于练习Ⅱ-14a 中的函数面积分等于 $2s^3(x_0+y_0+z_0)$.
   对于练习Ⅱ-14b 中的函数面积分等于0.
   对于练习Ⅱ-14c 中的函数面积分等于 $s^2(e^{-s/2}-e^{s/2})(e^{-x_0}+e^{-y_0}+e^{-z_0})$.
16. (b) $\nabla\cdot\mathbf{G}=0$.
22. $f(r)=$常数$/r^2$.
23. (a) $3b^3$.
   (b) $3\pi R^2h/4$.
   (c) $4\pi R^4$.
24. (b) πR^2B.

第Ⅲ章

3. (a) $2(-\boldsymbol{i}y+\boldsymbol{j}z+\boldsymbol{k}x)$.
   (b) $5\boldsymbol{j}x$.
   (c) $\boldsymbol{i}e^{-z}+\boldsymbol{j}e^{-x}+\boldsymbol{k}e^{-y}$.
   (d) 0.
   (e) $-\boldsymbol{i}x-\boldsymbol{j}y+2\boldsymbol{k}z$.
   (f) $2(\boldsymbol{i}y-\boldsymbol{j}x)$.
   (g) $\boldsymbol{i}z-\boldsymbol{k}x$.
   (h) 0.
4. 对于练习Ⅲ-3a 中的函数线积分等于 $2x_0s^2$.
   对于练习Ⅲ-3b 中的函数线积分等于0.
   对于练习Ⅲ-3c 中的函数线积分等于 $s(e^{s/2}-e^{-s/2})e^{-y_0}$.
   对于练习Ⅲ-3d 中的函数线积分等于0.
5. (a) $a^2/2+a^3/3$
   (b) $\dfrac{2}{\sqrt{3}}\left(\dfrac{1}{2}+\dfrac{a}{3}\right)\to\dfrac{1}{\sqrt{3}}$ 当 $a\to 0$
   (c) $\hat{\boldsymbol{n}}\cdot\nabla\times\boldsymbol{F}=\dfrac{1}{\sqrt{3}}(1+2y)=\dfrac{1}{\sqrt{3}}$，在 $y=0$ 时.
13. (d) 和 (h).
15. (a) 线积分和面积分均等于1.

（b）线积分和面积分均等于 $-3\pi/4$.

（c）线积分和面积分均等于 $-2\pi R^2$.

19. 3/e

25. 如果 $\nabla\cdot\boldsymbol{G}=0$，则 $\boldsymbol{G}=\nabla\times\boldsymbol{H}$.

（a）$\boldsymbol{H}=\frac{1}{2}\boldsymbol{j}x^2+\boldsymbol{k}\left[\frac{1}{2}y^2-(x-x_0)z\right]$.

（b）$\boldsymbol{H}=\boldsymbol{j}B_0x$.

（c）$\nabla\cdot\boldsymbol{G}\neq0$.

（d）$\boldsymbol{H}=-\boldsymbol{j}(x-x_0)z+\boldsymbol{k}(x+x_0)y$.

（e）$\nabla\cdot\boldsymbol{G}\neq0$.

[注：由于加法常数的不同选择，结果可能会不同.]

28. （a）$\oint_C\boldsymbol{H}\cdot\hat{\boldsymbol{t}}\mathrm{d}s=\iint_S\boldsymbol{G}\cdot\hat{\boldsymbol{n}}\mathrm{d}S$. 其中 S 是闭曲线 C 的一个旋盖面.

第Ⅳ章

1. （a）（ⅰ）$\boldsymbol{F}=\boldsymbol{i}yz+\boldsymbol{j}xz+\boldsymbol{k}xy$.

（ⅱ）$\boldsymbol{F}=2(\boldsymbol{i}x+\boldsymbol{j}y+\boldsymbol{k}z)$.

（ⅲ）$\boldsymbol{F}=\boldsymbol{i}(y+z)+\boldsymbol{j}(x+z)+\boldsymbol{k}(x+y)$.

（ⅳ）$\boldsymbol{F}=6\boldsymbol{i}x-8\boldsymbol{k}z$.

（ⅴ）$\boldsymbol{F}=-\boldsymbol{i}\mathrm{e}^{-x}\sin y+\boldsymbol{j}\mathrm{e}^{-x}\cos y$.

4. （a）（ⅰ）非路径独立.

（ⅱ）$\psi=cz+$常数.

（ⅲ）$\psi=xyz+$常数.

（ⅳ）$\psi=\frac{1}{2}(x^2+y^2+z^2)+$常数.

（ⅴ）非路径独立.

（b）（ⅰ）$\psi=\ln r+$常数.

（ⅱ）$\psi=\frac{2}{3}r^{3/2}+$常数.

13. （a）$\rho=3g\varepsilon_0$.

（b）$\Phi=-\frac{1}{2}g(x^2+y^2+z^2)$.

16.（a）对文中结果加 V_0.

17.（a）$\Phi(r,\ \phi) = -E_0 r(1 - R^3/r^3)\cos\phi$ 其中球体以原点为中心并且两个平面与 xOy 平面平行且位于 $z = \pm s/2$.

（c）对（a）部分的结果加 V_0.

19.（a）移至方向 $\pm(\boldsymbol{i}b - \boldsymbol{j}a)/\sqrt{a^2 + b^2}$.

（b）移至梯度方向：$-(\boldsymbol{i}a + \boldsymbol{j}b)/\sqrt{r^2 - a^2 - b^2}$.

（c）移至梯度方向的反方向：$(\boldsymbol{i}a + \boldsymbol{j}b)/\sqrt{r^2 - a^2 - b^2}$.

25.（e）面积分和体积分均等于 $\pi\boldsymbol{k}$.